Sass
ファーストガイド

CSSをワンランク上の記法で作成！ 相澤裕介◉著

本書で取り上げられているシステム名／製品名は、一般に開発メーカーの登録商標／商品名です。本書では、™および®マークを明記していませんが、本書に掲載されている団体／商品に対して、その商標権を侵害する意図は一切ありません。

はじめに

　Webを作成するときは、HTMLでページ内容を記述して、レイアウトやデザインをCSSで指定し、必要な画像を用意する、といった作業を行わなければいけません。これらの中で最も難しい作業になるのはCSSの作成かもしれません。もちろん、異論はあると思いますが、少々強引に話を進めていきましょう。

　HTMLは使用できるタグ（要素）や記述方法に一般的な通念があるため、ある程度のレベルになると、誰が書いてもほぼ同じような結果になります。「どの要素にID名を付けておくか？」「どの要素にクラス名を指定しておくか？」といった問題は残りますが、これはHTMLそのものの問題ではなく、どちらかというとCSSやJavaScriptに大きく関わる問題です。Webで使うタイトル画像やバナー画像にいたっては、画像編集アプリを扱うスキルやセンス、画力が重要となるため、専任の担当者に任せたり、デザイナーに外注したりするケースが多いと思います。

　一方、CSSはどうかというと、同じデザインを再現する場合でも、様々な手法が考えられます。各要素を一つずつ順番に書式指定していく方法もあれば、ある程度デザインをパーツ化して、その組み合わせによりデザインを構築していく方法もあります。さらに、今後、新たに追加されるWebページ（HTMLファイル）でもCSSを使いまわせるように、先を見据えた設計を行っておく必要があります。良い方向に捉えれば「自由度が高い」といえますが、悪い方向に捉えれば「どう構築するのが正解なのか分からない……」ということになります。よって、何回も試行錯誤を繰り返すケースが少なくありません。

　このような場合にぜひ活用したいのが本書で紹介するSassです。Sassは、CSSの記述をシステム化し、効率よく記述できるようにしてくれる言語です。言語というと難しそうに感じるかもしれませんが、Sassそのものは特に難しい言語ではありません。CSSの基本をマスターしていれば、ほんの数日でSassを使えるようになるでしょう。

　Sassを使用すると、「今まで出来なかったこと」が「出来るようになる」訳ではありません。Sassが最終的に出力するのは通常のCSSファイルとなるため、CSSで実現できないことはSassを使っても実現できません。では、なぜSassを使うのか？　その答えは、CSSの記述を圧倒的に高速化できるからです。

　前述したように、CSSの作成時は何回も試行錯誤を繰り返すケースが少なくありません。試行錯誤が必要な作業だからこそ、スムーズに作業を進められる環境が重要になります。似たような書式指定を何回も繰り返して記述したり、クラス名やID名、色指定、サイズ指定、etc…をあちこちで修正したり、さらにはベンダープレフィックスを追記したり、とCSSの記述そのものに手間取っていると、本来の作業がなかなか進みません。

　このように面倒な作業を大幅に効率化してくれるのがSassです。たとえば、ul {……} の書式を指定したあと、ul li {……} の書式指定を行い、さらにul li a {……} の書式も指定して、マウスオーバー用にul li a:hover {……} の書式も指定する。こういった一連の書式指定を

行うには、セレクタ｛……｝を4回も記述しなければいけません。でも、Sassを使えばセレクタをネスト（入れ子構造）して記述できるため、1ブロックにまとめて記述できます。『さほど効率化に貢献していない……』と感じるかもしれませんが、こういった細かなことの積み重ねが、トータルでは"大きな差"になります。さらに、変数や数式、関数、ミックスイン、インポートといったSass独自の機能を活用すると、その差は"圧倒的な差"になっていきます。いちどSassに慣れてしまえば、もう通常のCSSには戻れない、といっても過言ではないでしょう。

　前述したように、Sassの記述方法そのものは極めて短期間で理解できると思います。しかし、Sassを本当に便利なツールとして活用するには、それなりの時間と経験が必要です。Webを検索していると、「Sassを使ってこんな○○を用意しておけば便利」というTips集などが見つかります。しかし、Webサイトや制作環境ごとに細かな状況は異なるため、最終的には自分でカスタマイズしなければいけません。そのためにはSassの基本をマスターし、「各機能がどのように動作するのか？」をよく理解しておく必要があります。逆に考えると、Sassの基本をマスターしていれば、求めている機能を自分で作り出すことが可能です。

　CSSの設計において"絶対的な正解"はなく、その手法や流行は時代とともに変化していきます。どんな状況にも対応できるようにするには、やはりSassの基本をマスターしておく必要があるでしょう。遠回りのように感じても、基本を身に付けることが一番の近道だと思います。本書との出会いが、Sassを使い始める"きっかけ"になれば幸いです。

　なお、以前はSassを導入する際にRubyのインストールなどを行う必要がありましたが、現在では「Prepros」などの便利なアプリケーション（コンパイラ）が登場しているため、プログラミング経験がない方でも安心してSassを使い始めることが可能です。「黒い画面」（コマンドプロンプト）を操作する必要はありません。よって、本書でもアプリケーションを使った方法でSassの使い方を解説していきます。導入までの敷居が下がっていることも、Sassを使い始める理由の一つになると思います。

　そのほか、Bootstrapをカスタマイズする場合にも、Sassの知識が役に立つと思います。スタイルシートの新しい記述方法として、すでに普及しつつあるSassを、ぜひこの機会に習得してください。本書がその一助となることを願っています。

2015年10月　相澤 裕介

◆サンプルファイルのダウンロード

　本書で紹介したサンプル（Sassファイル、CSSファイルなど）は、以下のURLにアクセスするとダウンロードできます。学習を進める際の参考としてご利用ください。

http://cutt.jp/books/978-4-87783-386-2/

目次

第1章　Sassの特長と導入　　1

1.1　Sassの特長　　2
- 1.1.1　Sassとは？　　2
- 1.1.2　Sassの特長　　3
- 1.1.3　Sassを使う際に必要となる環境　　9

1.2　Sassを試してみよう！　　11
- 1.2.1　SassをコンパイルできるWebサイト　　11

1.3　Preprosの導入とコンパイル　　13
- 1.3.1　Preprosとは？　　13
- 1.3.2　Preprosのインストールと起動　　14
- 1.3.3　Preprosの基本的な使い方　　17
- 1.3.4　CSSファイルの作成方法の指定　　22
- 1.3.5　Preprosのその他の機能　　24

1.4　コンパイラにScoutを使う場合　　28
- 1.4.1　Scoutとは？　　28
- 1.4.2　Scoutのインストールと起動　　29
- 1.4.3　Scoutの基本的な使い方　　31
- 1.4.4　java.exeのパスの確認と修正　　36

1.5　SCSS形式とSASS形式　　40
- 1.5.1　SCSS形式のSass（拡張子.scss）　　40
- 1.5.2　SASS形式のSass（拡張子.sass）　　41

1.6　テキストエディタAtomの紹介　　43
- 1.6.1　Atomとは？　　43
- 1.6.2　Atomのインストールと起動　　44
- 1.6.3　Atomの設定変更　　46

- 1.6.4 パッケージのインストール（Atomの日本語化） …… 49
- 1.6.5 お勧めのパッケージ …… 51
- 1.6.6 パッケージの管理とテーマの適用 …… 52
- 1.6.7 Sassファイルの作成と編集 …… 53
- 1.6.8 フォルダの登録と解除 …… 54
- 1.6.9 画面の分割 …… 55

第2章　Sassの基本的な記述方法　57

2.1　文字コードの指定とコメント　58
- 2.1.1 文字コードの指定 …… 58
- 2.1.2 Sassファイル内のCSSの記述 …… 58
- 2.1.3 Sassのコメント …… 60

2.2　ネスト（入れ子構造）　63
- 2.2.1 セレクタのネスト …… 63
- 2.2.2 子セレクタ／隣接セレクタ／兄弟セレクタの指定 …… 66
- 2.2.3 親セレクタの参照 …… 70
- 2.2.4 プロパティ名のネスト …… 75

2.3　変数の活用　76
- 2.3.1 変数の定義 …… 76
- 2.3.2 変数を使って数値を指定する場合 …… 77
- 2.3.3 変数を使って色を指定する場合 …… 80
- 2.3.4 変数を使って文字列を指定する場合 …… 82
- 2.3.5 リスト型の変数を使って書式を指定する場合 …… 86
- 2.3.6 有効範囲を限定した変数 …… 88

2.4　数式の活用　92
- 2.4.1 数式の記述と演算記号 …… 92
- 2.4.2 数式を使った書式指定 …… 98
- 2.4.3 色の計算 …… 102
- 2.4.4 文字列の計算 …… 104

2.5　関数の活用　106
- 2.5.1 関数とは？ …… 106
- 2.5.2 色を操作する関数 …… 107

2.5.3	数値を操作する関数	114
2.5.4	文字列を操作する関数	117
2.5.5	リストを操作する関数	120
2.5.6	その他の関数	122

2.6　Sassとメディアクエリ　126

2.6.1	メディアクエリの記述について	126
2.6.2	メディアクエリのネスト	127
2.6.3	変数を使ったメディアクエリの記述	130
2.6.4	数式や関数の活用	131

第3章　スタイルの継承とインポート　133

3.1　ミックスイン @mixin　134

3.1.1	ミックスインを使った書式指定	134
3.1.2	引数を指定したミックスイン	136
3.1.3	引数を利用するときの注意点	140
3.1.4	ネスト用のミックスイン	144
3.1.5	@contentを指定したミックスイン	145

3.2　スタイルの継承 @extend　148

3.2.1	@extendを使ったスタイルの継承	148
3.2.2	スタイルを継承するときの注意点	152
3.2.3	プレースホルダーセレクタ	157

3.3　Sassのインポート @import　160

3.3.1	Sassファイルのインポート	160
3.3.2	ファイルをインポートするときの注意点	164
3.3.3	インポートを活用したスタイルの継承	166
3.3.4	パーシャルファイルの活用	169

第4章　プログラミング的な処理　171

4.1　条件分岐 @if　172
- 4.1.1　条件分岐と比較演算子　172
- 4.1.2　条件を満たす場合のみ処理を実行　173
- 4.1.3　条件に応じて処理を分岐する場合　176
- 4.1.4　処理を3つ以上に分岐する場合　180

4.2　繰り返し @for　185
- 4.2.1　@forの記述方法　185
- 4.2.2　繰り返し処理を使ったグリッドシステムの作成　186
- 4.2.3　レスポンシブWebデザインに対応するグリッドシステム　190

4.3　繰り返し @while　192
- 4.3.1　@whileの記述方法　192
- 4.3.2　@whileを使った書式指定の例　193

4.4　繰り返し @each　196
- 4.4.1　@eachの記述方法　196
- 4.4.2　@eachを使った書式指定の例　196

4.5　自作関数 @function　199
- 4.5.1　自作関数の定義　199
- 4.5.2　自作関数を使った書式指定の例　200

第5章　Compassの活用　205

5.1　Compassの概要　206
- 5.1.1　Compassとは？　206
- 5.1.2　Compassを使用するときの設定変更　207
- 5.1.3　Compassのインポート　208
- 5.1.4　リセットCSSの出力　209

5.2　Utilitiesモジュール　211
- 5.2.1　Utilitiesモジュールの読み込み　211
- 5.2.2　リンク文字の書式指定　212

- 5.2.3 リストの書式指定 ………………………………………………… 213
- 5.2.4 テキストの書式指定 ………………………………………………… 214
- 5.2.5 文字色の自動指定 …………………………………………………… 215
- 5.2.6 clearfixの出力 ……………………………………………………… 216

5.3 CSS3モジュール　　217

- 5.3.1 CSS3モジュールの読み込み ………………………………………… 217
- 5.3.2 ボックス関連のベンダープレフィックス …………………………… 218
- 5.3.3 背景画像のベンダープレフィックス ………………………………… 219
- 5.3.4 背景グラデーションのベンダープレフィックス …………………… 220
- 5.3.5 文字のベンダープレフィックス ……………………………………… 223
- 5.3.6 その他のミックスイン ………………………………………………… 224
- 5.3.7 出力するベンダープレフィックスの設定 …………………………… 225

5.4 Compass独自の関数　　230

- 5.4.1 Compassに用意されている関数の使用方法 ………………………… 230
- 5.4.2 色を操作する関数 …………………………………………………… 230
- 5.4.3 数学的な処理を行う関数 ……………………………………………… 232
- 5.4.4 セレクタ関連の関数 ………………………………………………… 234
- 5.4.5 その他の関数 ………………………………………………………… 237

　　索引 ……………………………………………………………………… 240

第1章

Sassの特長と導入

....

SassはCSSメタ言語と呼ばれているものの一種で、CSSの記述方法を大きく刷新してくれる言語となります。本書の第1章では、Sassの概要とSassを使用するための環境整備について解説します。

1.1 Sassの特長

本書を手にした皆さんの中には、Sassについて全く知識がない方もいると思います。そこで、まずはSassの特長や利用方法について簡単に紹介しておきます。Sassに初めて挑戦する方は、ここでSassの概要を把握しておいてください。

1.1.1　Sassとは？

　SassはCSSメタ言語と呼ばれるものの一種で、CSSの記述方法を改善することで、**CSSの作成に要する時間を大幅に短縮してくれる言語**となります。また、通常のCSSにはないプログラミング的な記述方法も用意されているため、より柔軟な発想でCSSを設計できることもSassの特長の一つです。

　コンピュータ言語に不慣れな方は、**メタ言語**といわれてもイマイチよく理解できないかもしれません。一般的に、メタ言語とは『言語を定義するための言語』または『言語を作成するための言語』と説明されています。とはいえ、このような説明だけでは余計に頭が混乱してしまうでしょう。そこでSassを例に、メタ言語についてもう少し詳しく解説しておきます。

　Webを制作するときは、ページの内容（コンテンツ）をHTMLで作成し、その表示方法（書式）をCSSで指定する、というのが一般的な手法になります。このCSSを拡張し、さらに使いやすくしたものがSassです。つまり、SassはCSSと同じ役割を担う言語と考えられます。となると、『CSSの代わりにSassを使ってWebを作成することも可能なのでは……』と思うかもしれません。しかし、実際にはそう単純に事は運びません。

　Webページの閲覧に使用するブラウザは、HTMLとCSSには対応していますが、Sassには対応していません。よって、各要素の書式をSassで記述してもWebページは正しく表示されないのです。この問題を解決するには、Sassを一度CSSに変換してやる必要があります。この変換作業のことを**コンパイル**といいます。

　このような作業工程を踏まえると、Sassは『CSSを作成するための言語』と考えることができます。つまり、Sassというルールに従って各要素の書式を記述し、これをコンパイルすることでCSSを完成させる、という使い方になります。これがSassがメタ言語といわれる所以です。SassはCSSを拡張した言語であり、Sass単独で機能する言語ではありません。最終的にはCSSに変換して利用されるため、**CSSプリプロセッサ**と呼ばれる場合もあります。

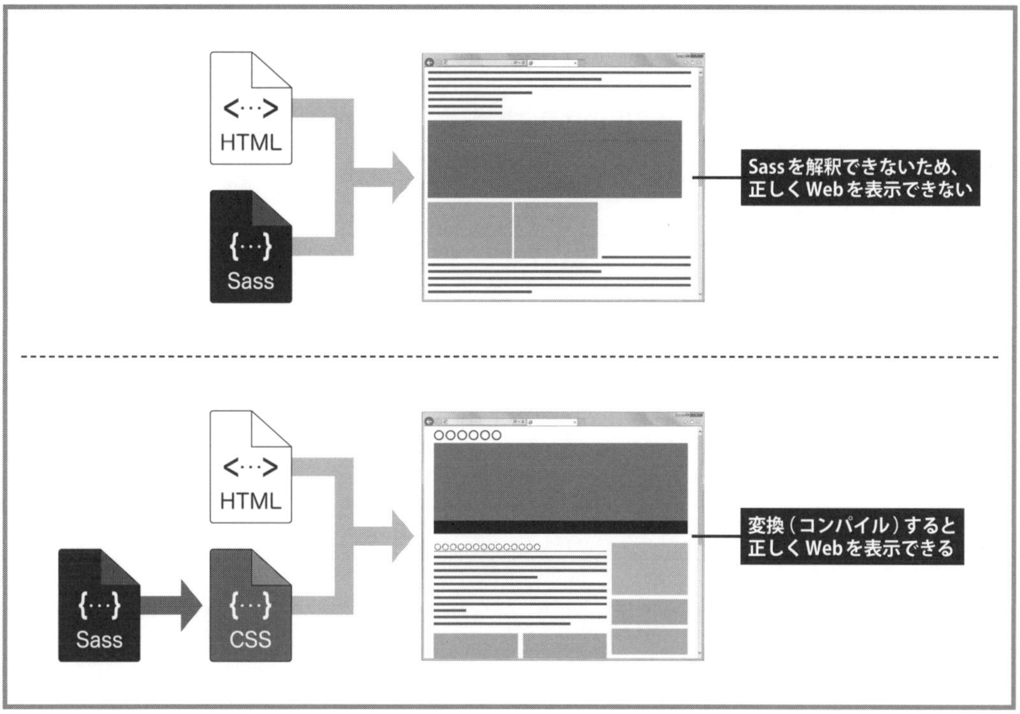

図1.1.1-1　HTMLとSassで作成したWebページ

　なお、SassのほかにLESSというCSSメタ言語もあります。一時はSassとLESSでシェアを争っていましたが、最近はSassが主流になりつつあるようです。これからCSSメタ言語を覚えるのであれば、本書で解説するSassの使い方をマスターするのが最善の選択になるでしょう。Webの現場では、すでにSassを使ったWeb制作が普通に行われています。これからWeb制作に本格的に挑戦する方も、Sassの基本をマスターしておけば即戦力として活躍できる機会が増えると思います。

1.1.2　Sassの特長

　続いては、SassがCSSより優れている点について簡単に紹介していきます。先ほどの解説を読んだときに、『なぜコンパイルという工程が必要なSassをわざわざ使用するのだろう？』と疑問に思った方もいるでしょう。その最大の理由は、Sassの方が記述が簡単で、より理論的にスタイルシートを記述できるからです。具体的な例で見ていきましょう。

■ネスト（入れ子構造）を使った記述が可能

　CSSでは、複数のセレクタ（要素名、クラス名、ID名など）を列記して対象となる要素を指定するケースがよくあります。たとえば、クラス名が"boxA"のdiv要素内に、h2要素とp要素を配置した場合を考えてみましょう。

```html
<div class="boxA">
   <h2>（見出しの文字）</h2>
   <p>（ボックス内の文章）………………</p>
</div>
```

　この場合、h2やpの要素を指定するセレクタは、以下の例のように記述するのが一般的です。

sample112-01.css

```css
.boxA {
   width: 400px;
   padding: 10px;
   background-color: #99cc66;
}

.boxA h2 {
   font-size: 24px;
   color: #ffffff;
}

.boxA p {
   font-size: 16px;
   line-height: 1.5;
}
```

　Sassを使用すると、これと同じ書式指定を以下のように記述することが可能となります。

sample112-01.scss

```scss
.boxA {
  width: 400px;
  padding: 10px;
  background-color: #99cc66;
  h2 {
    font-size: 24px;
    color: #ffffff;
  }
```

```
 9    p {
10      font-size: 16px;
11      line-height: 1.5;
12    }
13  }
```

このように、Sassは**ネスト**（入れ子構造）を使用できるため、HTMLと同じ構造でスタイルシートを記述できます。そのほか、疑似クラスを使ってマウスオーバー時（:hover）やクリック時（:active）の書式を指定する場合にも、ネストを使った記述方法が便利に活用できます。

■変数や数式、関数を使った指定

　Sassでは、サイズや色などを指定する際に**変数**、**数式**、**関数**を使用することが可能です。この特長を上手に活用すると、レイアウトを調整したり、Web全体をリニューアルしたりするときに、少ない手数で書式変更を完了できるようになります。
　簡単な例を紹介しておきましょう。以下の記述は、クラス名が"boxA"と"boxB"の2つのdiv要素について、「サイズ」と「背景色」を指定した例です。このSassをコンパイルすると、右側に示したCSSが作成されます。

sample112-02.scss
```
 1  $haba: 600px;
 2  $iro: #cccccc;
 3
 4  .boxA {
 5    width: $haba;
 6    height: 200px;
 7    background: $iro;
 8    float: left;
 9  }
10
11  .boxB{
12    width: 800px - $haba;
13    height: 200px;
14    background: darken($iro, 10%);
15    float: left;
16  }
```

sample112-02.css
```
.boxA {
  width: 600px;
  height: 200px;
  background: #cccccc;
  float: left;
}

.boxB {
  width: 200px;
  height: 200px;
  background: #b3b3b3;
  float: left;
}
```

　1～2行目は変数を定義する記述です。今回の例では、変数$habaに600px、変数$iroに#ccccccを定義しました。これらの変数を使って、幅（width）と背景色（background）を指定します。

クラス名が"boxA"の要素は、widthに変数$habaが指定されているため、要素の幅は600pxになります（5行目）。また、backgroundに変数$iroが指定されているため、要素の背景色は#ccccccになります（7行目）。

　クラス名が"boxB"の要素についても簡単に解説しておきましょう。こちらは、widthに800px - $habaという値が指定されています（12行目）。この記述は「800pxから変数$habaの値を引く」という処理を表しています。つまり、800px-600px=200pxの幅が指定されることになります。また、backgroundに指定されているdarken($iro, 10%)の記述は、「変数$iroを10%暗くする」という処理を行う関数となります（14行目）。その結果、#ccccccを10%暗くした#b3b3b3が背景色に指定されます。

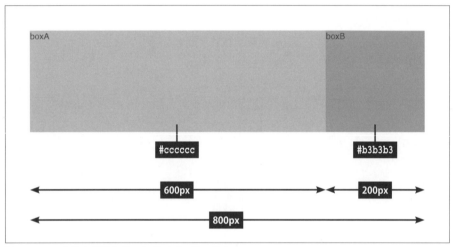

図1.1.2-1　変数と関数を使ったサイズ、色の指定

　このように変数を使って書式指定を記述しておくと、変数の値を変更するだけでレイアウトや色を自由にカスタマイズできるようになります。

　たとえば、変数$habaの値を300pxに変更すると、"boxA"の幅は300px、"boxB"の幅は800px-300px=500pxに変更されます。両者の幅の合計は必ず800pxになるため、全体の幅を固定したまま、各要素の幅を調整したい場合などに便利に活用できるでしょう。

　同様に、変数$iroの値をorangeに変更すると、"boxA"の背景色はorange、"boxB"の背景色は「orangeを10%暗くした色」（#cc8400）に変更されます。そのつどRGBの値を計算しなくても色の関係を維持できるため、Web全体の配色を変更したい場合などに便利に活用できると思います。

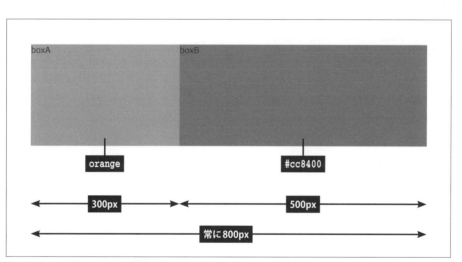

図1.1.2-2　変数の値を変更した場合

■ミックスインを使ったスタイルの継承

　Sassには、「あらかじめ定義しておいた書式」を取り込むことができる**ミックスイン**という機能が用意されています。この機能を使うと、似たような書式指定を何回も繰り返す手間を省くことができます。具体的な例で見ていきましょう。

sample112-04.scss

```scss
@mixin waku {
    margin: 20px;
    padding: 10px;
    border: solid 4px #666666;
    border-radius: 10px;
}

.boxA {
    @include waku;
    width: 200px;
    height: 200px;
}

.boxB{
    @include waku;
    width: 400px;
    height: 100px;
    background: #cccccc;
}
```

sample112-04.css

```css
.boxA {
  margin: 20px;
  padding: 10px;
  border: solid 4px #666666;
  border-radius: 10px;
  width: 200px;
  height: 200px;
}

.boxB {
  margin: 20px;
  padding: 10px;
  border: solid 4px #666666;
  border-radius: 10px;
  width: 400px;
  height: 100px;
  background: #cccccc;
}
```

　この例ではwakuという名前のミックスインを作成し、外余白（margin）、内余白（padding）、枠線（border）、角丸（border-radius）の書式を定義しています（1～6行目）。クラス名が"boxA"の書式を指定する部分では、9行目でwakuのミックスインを取り込むことにより外余白、内余白、枠線、角丸の書式を指定し、さらに幅200px、高さ200pxの書式を指定しています。クラス名が"boxB"の書式指定も同様で、15行目でwakuのミックスインを取り込み、さらに幅400px、高さ100px、背景色#ccccccの書式を指定しています。

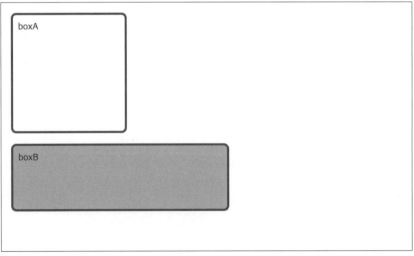

図1.1.2-3　ミックスインを使った書式指定

このように同じ書式を何回も指定する場合は、ミックスインを使用すると少ない記述で書式指定を完了できるようになります。今回の例では、ミックスインを取り込むセレクタが.boxA｛……｝と.boxB｛……｝の2つしかありませんが、同様の書式指定を.boxC｛……｝や.boxD｛……｝などにも行っていく場合を考えると、ミックスインの利点がよりいっそう際立つと思います。

　さらに**引数**の使用も認められているため、「内余白のサイズ」だけを変更したり、「枠線の太さ」や「枠線の色」を変更したりしながらミックインを取り込む、といった使い方も可能です。

　ミックスインを使って"よく利用する書式の組み合わせ"をデザインパーツとして作成しておけば、CSS作成の手間を大幅に改善できると思います。ミックスインはSassを代表する機能の一つとなるため、ぜひ使い方をマスターしておくとよいでしょう。

■条件分岐、繰り返しなど

　これまでに紹介してきた機能のほかにも、Sassには数多くの便利な機能が用意されています。**条件分岐**や**繰り返し**のように、プログラミング言語でよく見かける処理を記述することも可能です。

　ただし、Sassから作成されるCSSは静的な言語となるため、JavaScriptのように動的な処理は行えません。CSSを作成する過程でプログラミング的な処理を行える、と考えるのが基本です。一般的なプログラミング言語とは少し考え方が異なりますし、プログラミングに不慣れな方には少々難しい内容になるかもしれません。とはいえ、便利に活用できる場面も十分に考えられるので、余力のある方はぜひ試してみるとよいでしょう。

1.1.3　Sassを使う際に必要となる環境

　続いては、Sassを使用するときに必要となる環境について解説します。HTMLやCSSと同じく、Sassはテキストファイルの一種となるため、一般的な**テキストエディタ**を使ってファイルの作成、編集を行うことが可能です。Webの制作経験がある方は、すでに何らかのテキストエディタを使用していると思うので、それをSassの編集にも活用するとよいでしょう。「秀丸」などの汎用的なテキストエディタでも構いませんし、「Sublime Text」や「Atom」のように言語の記述に特化されたテキストエディタでも構いません。各自の好きなテキストエディタを使用してください。

第1章　Sassの特長と導入

図1.1.3-1　「秀丸」を使ってSassを編集　　　図1.1.3-2　「Atom」を使ってSassを編集

　新たに用意しなければならないのは、**SassをCSSにコンパイルする機能**となります。一昔前は、この機能を導入するために「黒い画面」（コマンドプロンプト）を使ってRubyをインストールし、さらにSassのインストールや各種設定を行わなければいけませんでした。しかし、現在では「**Prepros**」や「**Scout**」などの使いやすいGUIアプリが登場しているため、コマンドプロンプトを一切使わなくてもコンパイル環境を整えられます。

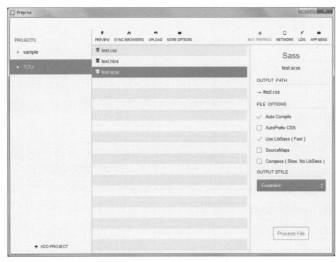

図1.1.3-3　SassをCSSに自動コンパイルできる「Prepros」

　『SassをCSSにコンパイルする作業そのものが面倒なのでは…？』と思うかもしれませんが、その心配はいりません。Sassを編集して保存した時点で、自動的にコンパイルを実行する機能が用意されているため、各自が改めて行うべき作業は何もありません。普通にテキストエディタを使ってSassを編集していくだけで、CSSファイルも最新の状態に自動更新されます。

さらに、ブラウザの表示を自動更新する機能も用意されているため、Sassを変更した結果を即座にブラウザで確認することも可能です。従来のようにHTMLとCSSでWebを制作する場合と同等、もしくはそれ以上の環境で作業を進められると思います。

1.2 Sassを試してみよう！

Sassを使用するには、SassをCSSに変換する機能を用意しておく必要があります。とはいえ、『もっと手軽にSassを試してみたい』という方もいるでしょう。そこで、Sassを手軽にコンパイルできるWebサイトを紹介しておきます。

1.2.1 SassをコンパイルできるWebサイト

「Prepros」などのコンパイラについて詳しく解説する前に、『**SassMeister**』というWebサイトを紹介しておきます。このWebサイトには、入力したSassをCSSに変換してくれる機能が用意されています。Sassの概要を手軽に確認したい場合などに活用できるでしょう。

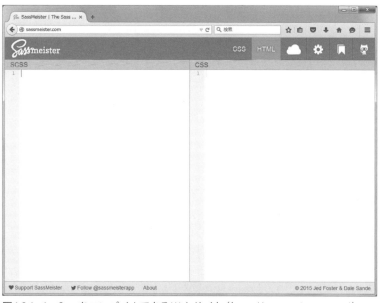

図1.2.1-1　SassをコンパイルできるWebサイト（http://sassmeister.com/）

『SassMeister』のWebサイトを開くと、前ページのような画面が表示されます。左側にある「SCSS」と記された領域が"Sassを入力する領域"です。ここにSassを入力していくと、それをCSSにコンパイルした様子が画面右側に表示されます。

たとえば、本書のP4〜5で紹介したSassを入力すると、以下の図のようにコンパイル結果が表示されるのを確認できます。

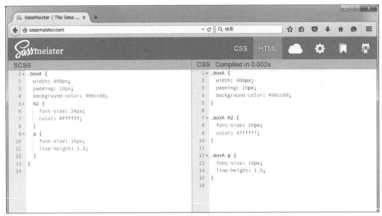

図1.2.1-2　コンパイルをテストしてみた様子（ネスト）

同様に、本書のP8で紹介したSassを入力すると、以下の図のような結果が表示されます。

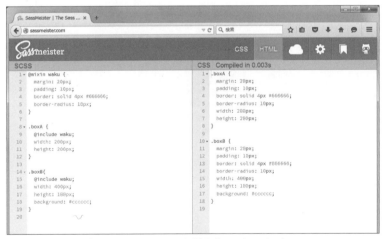

図1.2.1-3　コンパイルをテストしてみた様子（ミックスイン）

いずれの場合も、本書で紹介したCSSと同じ内容のCSSが出力されます。「Prepros」などのアプリケーションを導入する前に、『一度Sassを試してみたい』という場合に活用するとよいでしょう。なお、このWebサイトに表示される結果をコピー＆ペーストしてCSSファイルを作成することも可能ですが、あまり効率のよい作業方法とは思えません。本格的にSassを使用するのであれば、やはり「Prepros」などのアプリケーションを導入しておくのが基本です。

1.3 Prerosの導入とコンパイル

それでは、SassをCSSに自動コンパイルしてくれる「Prepros」の導入方法と簡単な使い方を紹介していきましょう。ここまでの作業が済めば環境構築は完了。すぐにSassを使用できるようになります。

1.3.1 Preprosとは？

「**Prepros**」は、SassのコンパイルをはじめCSSの、LESSのコンパイル、Compassの使用、CSSやJavaScriptの圧縮、FTPアップロードなど、数多くの機能が装備されているGUIアプリケーションです。各自が使用しているOSに合わせて、Windows版／Mac OSX版／Linux版の3種類が用意されています。

価格$29の有料アプリとなりますが、トライアル版が用意されているため、『とりあえずは無料のトライアル版を使用し、機能を十分に把握してから$29を支払う』という使い方も可能です。トライアル版のままでも機能制限なしで使用できるので、十分に動作を検証してから購入するとよいでしょう。

図1.3.1-1 「Prepros」の画面

1.3.2　Prerosのインストールと起動

それでは「Prepros」のインストール手順を解説していきます。ここでは、Windows版の「Prepros」を例にインストール手順を解説します。

（1）Webブラウザで『Preprosの公式サイト』（https://prepros.io/）を開き、[**Download Trial**]**ボタン**をクリックします。

図1.3.2-1　「Prepros」のダウンロード（1）

（2）このような画面が表示されるので、**OSの種類を選択**してファイルのダウンロードを開始します。

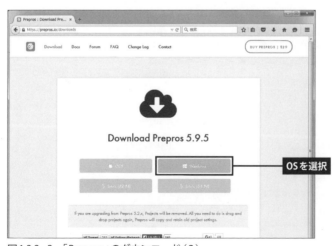

図1.3.2-2　「Prepros」のダウンロード（2）

（3）ダウンロードが完了したら、ダウンロードしたファイルを**ダブルクリック**して開きます。

図1.3.2-3 「Prepros」のインストール（1）

（4）「Prepros」のインストーラが起動します。[**Next**]**ボタン**をクリックします。

図1.3.2-4 「Prepros」のインストール（2）

（5）インストール時に設定する内容は、インストール先フォルダの指定だけです。通常はそのまま[**Install**]**ボタン**をクリックします。

図1.3.2-5 「Prepros」のインストール（3）

第1章　Sassの特長と導入

（6）インストールが開始されるので完了するまで待ちます。

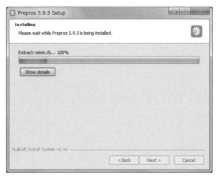

図1.3.2-6　「Prepros」のインストール（4）

（7）この画面が表示されれば「Prepros」のインストールは完了です。[Finish]ボタンをクリックしてインストーラを終了します。

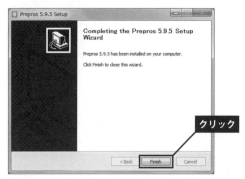

図1.3.2-7　「Prepros」のインストール（5）

（8）デスクトップに「**Preprosのショートカットアイコン**」が作成されます。このアイコンをダブルクリックすると、「Prepros」を起動できます。

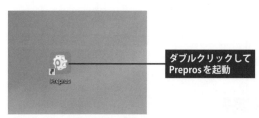

図1.3.2-8　「Prepros」の起動

1.3.3 Preprosの基本的な使い方

続いては、「Prepros」を使ってSassをCSSに**自動コンパイル**する方法を解説します。ただし、現時点ではSassファイルが1つもないため、自動コンパイルの様子を確認できないと思います。このような場合は、本書のP8で紹介したSassファイル（sample112-04.scss）などを使って動作を確認するとよいでしょう。SassがCSSに自動コンパイルされる様子を確認できると思います。

（1）「Prepros」を起動します。初めて「Prepros」を起動したときに、ファイアウォールに関連する警告が表示される場合もあります。この場合は、各自のネットワーク環境に合わせて適切な設定を行います。

図1.3.3-1　ファイアウォールの設定

（2）続いて、「Prepros」の購入を促す画面が表示されます。トライアル版のまま動作テストを続ける場合は、[**Continue Trial**] **ボタン**をクリックします。

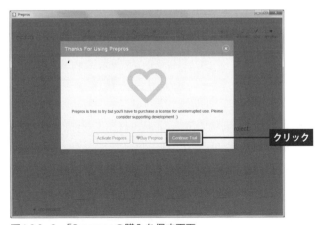

図1.3.3-2　「Prepros」の購入を促す画面

（3）このような画面が表示されます。これが「Prepros」の起動画面となります。

図1.3.3-3 「Prepros」を起動した直後の画面

（4）監視するフォルダ（Sassファイルが保存されているフォルダ）を「Prepros」に**ドラッグ＆ドロップ**します。

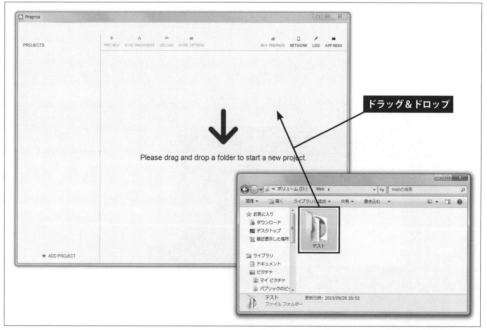

図1.3.3-4 監視フォルダの登録

（5）フォルダ内にあるファイルが一覧表示されます。**拡張子が「.scss」のファイルをクリックして選択**すると…、

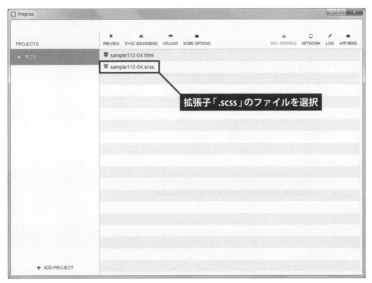

図1.3.3-5　Sassファイルの選択

（6）Sassのコンパイル方法などを設定する画面が表示されます。

図1.3.3-6　コンパイル方法などの設定画面

単純にSass→CSSの自動コンパイルを行うだけであれば、特に変更すべき設定項目はありません。念のため、「Auto Compile」と「Use LibSass」がONになっていることを確認しておくだけで十分です。

Auto Compile ……………… Sass→CSSの自動コンパイルの有効/無効
Use LibSass ……………… LibSassを使った高速コンパイルの有効/無効

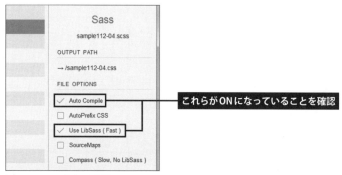

図1.3.3-7　設定の確認

あとは各自の好きなテキストエディタを使ってSassファイル（.scss）の内容を変更するだけです。『Sassファイルのどこを変更したらよいか分からない……』という場合は、20pxを50pxに変更するなど、各プロパティの値を変更してみるとよいでしょう。その後、**ファイルを上書き保存すると自動的にコンパイルが実行され、CSSファイルが作成されます**。

そのほか、手動でコンパイルを実行する方法も用意されています。この場合は、Sassファイル（.scss）をクリックして選択し、右下にある［Process File］ボタンをクリックします。

図1.3.3-8　コンパイルにより作成されたCSSファイル

コンパイルに成功した場合は、デスクトップの右下に図1.3.3-9のような画面が表示されます。Sassファイルの記述に何らかのミスがあり、コンパイルに失敗した場合は図1.3.3-10のような画面が表示され、簡単なエラー内容が示されます。

図1.3.3-9　コンパイル成功を示す画面

図1.3.3-10　コンパイル失敗を示す画面

以降も、Sassファイルの内容を変更して**上書き保存**を行う度に、そのつど自動コンパイルが実行され、CSSファイルの内容も最新の状態に更新されていきます。このとき、必ずしも「Prepros」の画面を表示しておく必要はありません。をクリックして「Prepros」を最小化している状態でも自動コンパイルは正しく機能します。

ただし、「Prepros」を起動していないと、自動コンパイルも実行されないことに注意してください。Sassの編集を行うときは、最初に「Prepros」を起動してから、編集作業を開始するのが基本です。

監視フォルダの追加と解除

　「Prepros」にフォルダを追加登録し、複数のフォルダを同時に監視することも可能です。この場合は、「Prepros」の画面左下にある[＋ADD PROJECT]をクリックして監視フォルダを追加します。

　これとは逆に、フォルダの監視を解除するときは、その「フォルダ名」を右クリックし、[Remove Project]を選択します。

拡張子「.cfg」のファイルについて

　「Prepros」にフォルダを登録すると、そのフォルダ内に拡張子「.cfg」のファイルが作成されます。このファイルは「Prepros」の設定ファイルとなります。削除や変更を行うと「Prepros」が正しく動作しなくなるので、そのまま放置しておくようにしてください。

　なお、[Remove Project]を選択してフォルダの監視を解除した後は、拡張子「.cfg」のファイルを削除しても構いません。

1.3.4　CSSファイルの作成方法の指定

「Prepros」では、Sassファイル（.scss）と同じフォルダにCSSファイルが作成されるように初期設定されています。とはいえ、フォルダ構成によってはCSSファイルの保存先を変更したい場合もあるでしょう。この場合は、Sassの設定画面を開き、「**OUTPUT PATH**」**の値**をクリックします。

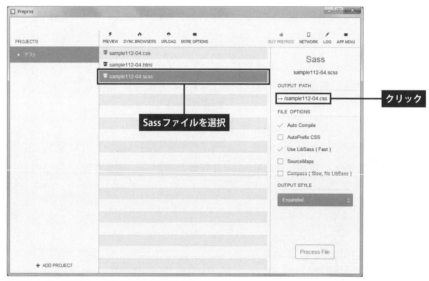

図1.3.4-1　CSSファイルの保存先の変更

すると、以下のような画面が表示され、コンパイルしたCSSファイルの**保存先フォルダ**や**CSSファイル名**を自由に変更できるようになります。

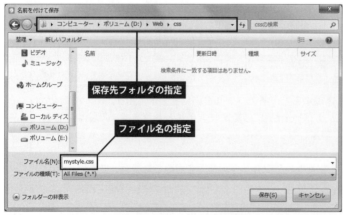

図1.3.4-2　CSSファイルの保存先とファイル名の指定

また、**CSSファイルの出力方法**を指定する設定項目も用意されています。この設定項目に「Compressed」を指定すると、コメントやインデント、改行などを省略した、圧縮版のCSSファイルを作成できます。この設定項目は、CSSファイルの容量を小さくしたい場合などに活用するとよいでしょう。

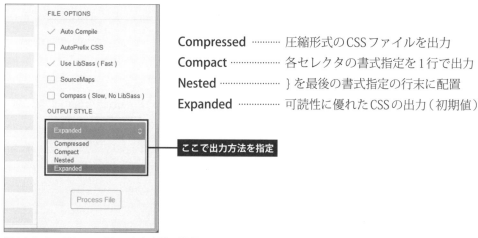

Compressed ………… 圧縮形式のCSSファイルを出力
Compact ………………… 各セレクタの書式指定を1行で出力
Nested …………………… }を最後の書式指定の行末に配置
Expanded ……………… 可読性に優れたCSSの出力（初期値）

ここで出力方法を指定

図1.3.4-3　CSSファイルの出力方法の選択

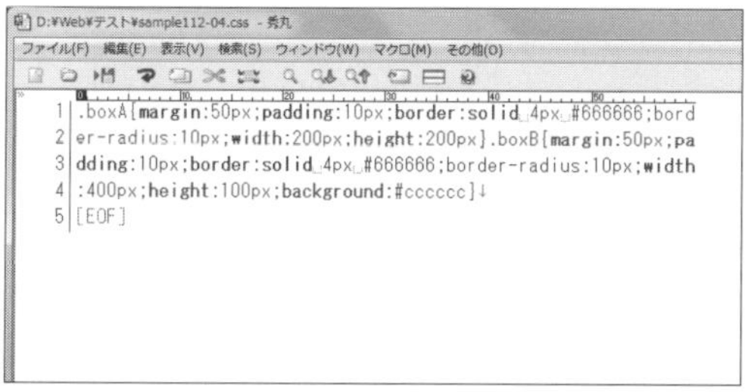

図1.3.4-4　Compressedを指定した場合

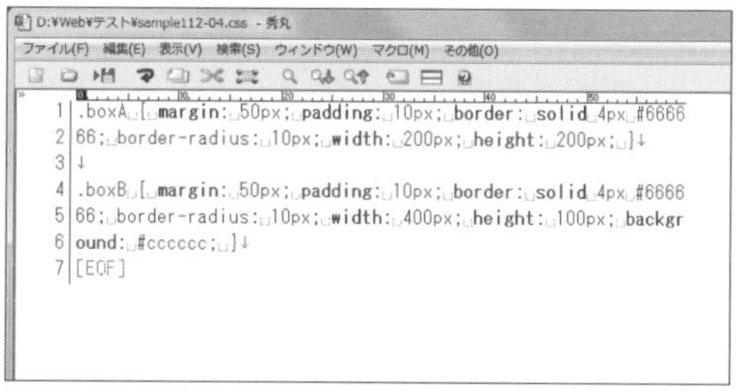

図1.3.4-5　Compactを指定した場合

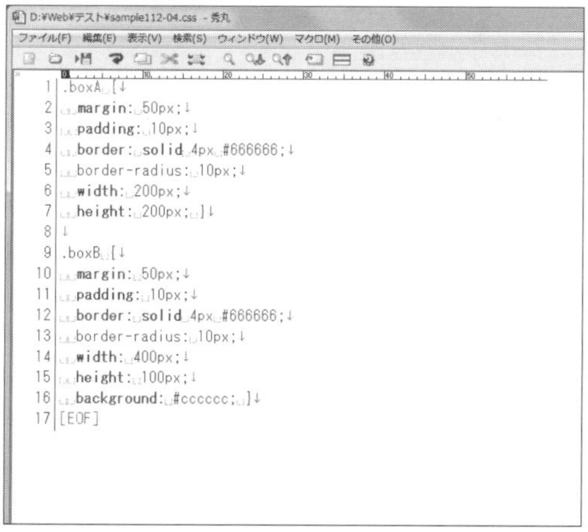

図1.3.4-6　Nestedを指定した場合

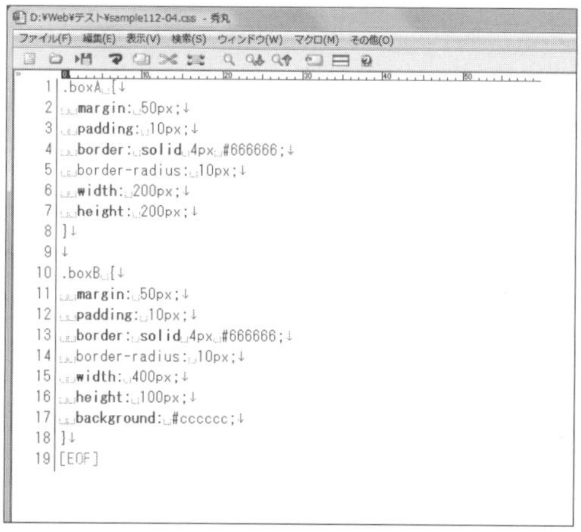

図1.3.4-7　Expandedを指定した場合

1.3.5　Preprosのその他の機能

Sassのコンパイル機能のほかにも「Prepros」には様々な機能が用意されています。Sassの使い方とは少し話が逸れてしまいますが、簡単に紹介しておきましょう。

■**各種ファイル操作**

「Prepros」を使って監視フォルダ内にあるファイルを開くことも可能です。たとえば、Sassファイルを右クリックして［**Open File**］を選択すると、自動的にテキストエディタが起動し、Sassファイルの編集を即座に開始できるようになります。ただし、この機能を使用するには、拡張子「.scss」の**既定のアプリケーション**をあらかじめ設定しておく必要があります。

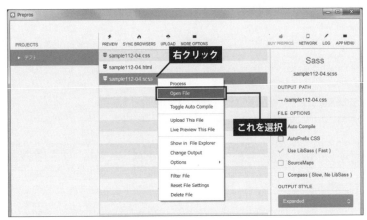

図1.3.5-1　ファイルを開く操作

また、画像ファイルをクリックして選択すると、画像のプレビューやファイル容量などの情報を確認できます。

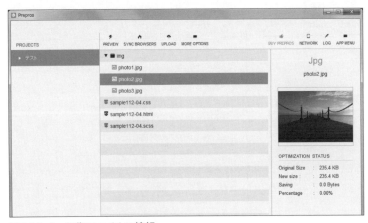

図1.3.5-2　画像ファイルの情報

■ライブプレビュー機能

「Prepros」には、Web表示をライブプレビューできる機能も用意されています。この機能を使ってWeb表示を確認するときは、HTMLファイルを右クリックし、[**Live Preview This File**]を選択します。

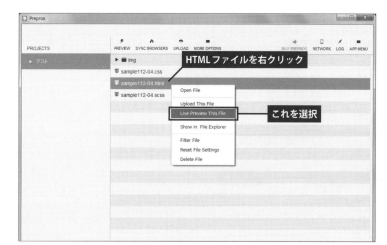

図1.3.5-3　ライブプレビューの開始

　すると、既定のブラウザが起動し、HTMLファイルをブラウザで閲覧した様子が表示されます。この機能を使ってWeb表示を確認した場合は、[F5]キーを押さなくても**Webページが自動更新**されます。HTMLやCSS（Sass）の変更が即座に反映されるため、Web表示を素早く確認したい場合などに活用できるでしょう。

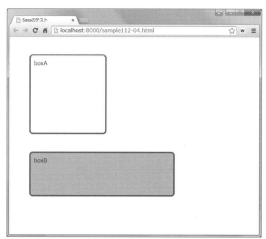

図1.3.5-4　HTMLやCSS（Sass）の変更が自動反映されるライブプレビュー

■FTP機能

「Prepros」には、ファイルをWebサーバーにアップロードするFTP機能も用意されています。ファイルをアップロードするときは、ファイル名を右クリックして［Upload This File］を選択します。ちなみに、画面上部にある［UPLOAD］アイコンは、監視フォルダ内にある全ファイル（Sassファイルを除く）をWebサーバーにアップロードする機能となります。

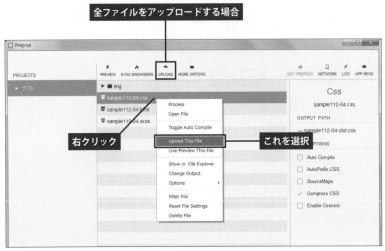

図1.3.5-5　ファイルのアップロード

ただし、アップロードを行うときは、あらかじめ接続情報を設定しておく必要があります。この設定を行うときは、プロジェクト名（フォルダ名）を右クリックし、［Project Options］を選択します。

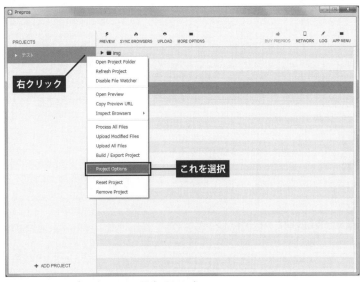

図1.3.5-6　各プロジェクトの設定画面の表示

プロジェクトの設定画面が表示されるので、「FTP」の項目を選択し、FTPサーバー名、ユーザー名、パスワードなどを指定します。これでFTP機能を使用できるようになります。

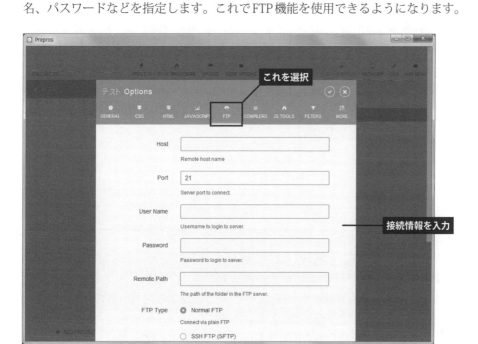

図1.3.5-7　FTP接続情報の設定

もちろん、このFTP機能は使わずに、普段から使用しているFTPクライアントを使ってファイルをアップロードしても構いません。これらの機能は必須機能ではないので、各自の好みで使用するようにしてください。

1.4 コンパイラにScoutを使う場合

「Scout」というアプリケーションを使用してSass → CSSのコンパイルを実行することも可能です。こちらもRubyなどのインストールを必要としないため、手軽に使えるコンパイラとして活用できます。

1.4.1 Scoutとは？

「Prepros」を使用する代わりに、「**Scout**」というGUIアプリケーションを使ってSassをコンパイルしても構いません。こちらは、Windows版とMac版の2種類が用意されています。「Prepros」に比べるとコンパイル速度は少し遅く、FTPなどの付加機能も用意されていませんが、無償アプリとしては十分な性能を備えているといえるでしょう。

なお、「Scout」を使用するときは、あらかじめ「**Java**」と「**Adobe AIR**」をパソコンにインストールしておく必要があります。

（Javaの入手先）……………………… https://java.com/ja/download/
（Adobe AIRの入手先）……………… https://get.adobe.com/jp/air/

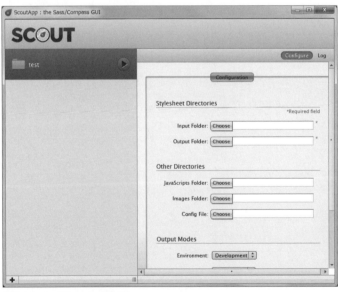

図1.4.1-1 「Scout」の画面

1.4.2　Scoutのインストールと起動

　それでは「Scout」のインストール手順を解説していきましょう。ここでは、Windows版の「Scout」を例にインストール手順を解説します。

（1）Webブラウザで『Scoutの公式サイト』（http://mhs.github.io/scout-app/）を開きます。すると、各自が使用しているOSに合わせて**ダウンロードボタン**が表示されます。これをクリックしてインストール用のファイルをダウンロードします。

図1.4.2-1　「Scout」のダウンロード

（2）ダウンロードが完了したら、ダウンロードしたファイルを**ダブルクリック**して開きます。

図1.4.2-2　「Scout」のインストール（1）

（3）以下のような画面が表示されるので、インストール先などを指定します。通常は、そのまま[**続行**]**ボタン**をクリックします。

図1.4.2-3 「Scout」のインストール（2）

（4）インストールが開始されるので完了するまで待ちます。

図1.4.2-4 「Scout」のインストール（3）

（5）インストールが完了すると、自動的に「Scout」が起動します。

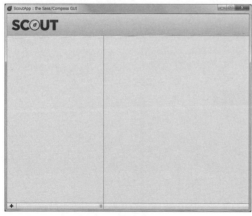

図1.4.2-5 「Scout」の起動画面

1.4 コンパイラにScoutを使う場合

（6）デスクトップには「**Scoutのショートカットアイコン**」が作成されます。次回からは、このアイコンをダブルクリックして「Scout」を起動します。

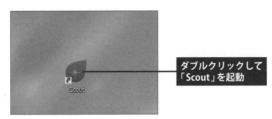

図1.4.2-6 「Scout」のショートカットアイコン

1.4.3 Scoutの基本的な使い方

続いては、「Scout」を使ってSassをCSSに**自動コンパイル**する方法を解説します。以下の手順で操作を進めてください。

（1）「Scout」を起動し、画面の左下にある「＋」ボタンをクリックします。

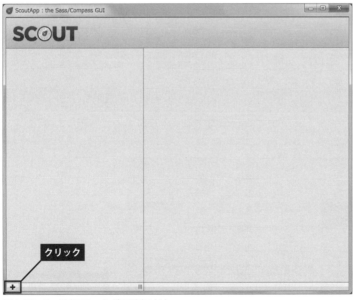

図1.4.3-1 監視フォルダの追加（1）

（2）**監視するフォルダ**を選択し、［フォルダーの選択］ボタンをクリックします。

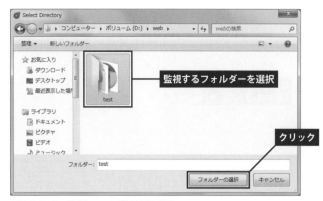

図1.4.3-2　監視フォルダの追加（2）

> **全角文字のフォルダ名には未対応**
>
> 「Scout」は全角文字のフォルダ名に対応していません。これは上位にあるフォルダ（親フォルダ）も同様です。「Scout」を使うときは、フォルダ名を（そのパスを含めて）半角文字で指定しておく必要があります。注意するようにしてください。

（3）このような設定画面が表示されるので、「**Input Folder**」と「**Output Folder**」に適切なフォルダを指定します。なお、Sassファイル（.scss）が監視フォルダの直下にあり、またCSSファイルを監視フォルダに出力する場合は、これらの設定項目は空白のままで構いません。

　　Input Folder ……………… Sassファイル（.scss）が保存されているフォルダ
　　Output Folder …………… CSSファイルを出力するフォルダ

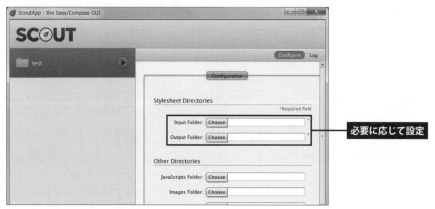

図1.4.3-3　入出力フォルダの指定

（4）設定画面を下へスクロールすると、CSSファイルの出力方法に関する設定項目が見つかります。「Scout」が自動出力するコメント文が不要な場合は、「**Environment**」に「**Production**」を選択してください。「**Output Style**」は、圧縮の有無などを指定する設定項目です（P23参照）。

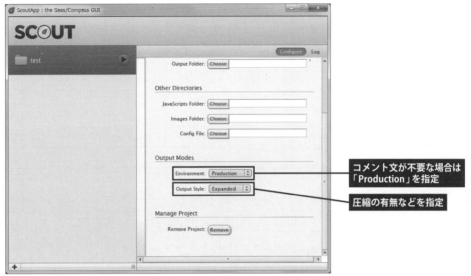

図1.4.3-4　CSSの出力方法の指定

（5）以上で設定作業は完了。▶をクリックしてフォルダの監視を開始します。

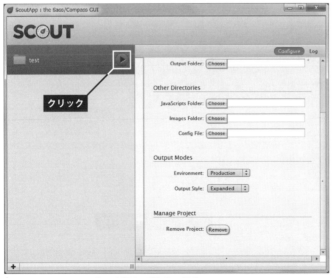

図1.4.3-5　フォルダの監視を開始する操作

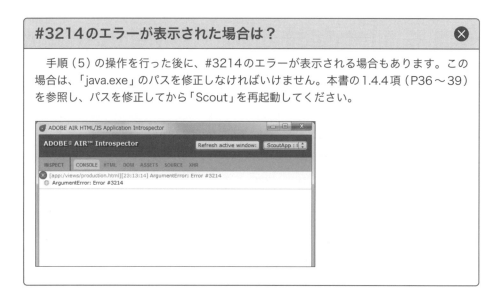

（6）少し待つと、以下の図のようなログが表示され、SassがCSSに自動コンパイルされます。監視フォルダ（または「Output Folder」に指定したフォルダ）を開くと、CSSファイルが作成されているのを確認できます。

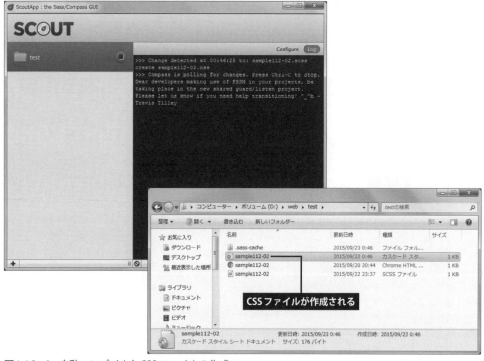

図1.4.3-6　自動コンパイルとCSSファイルの作成

以降の動作は「Prepros」の場合と同様です。Sassファイルを変更して**上書き保存**する度に、そのつど自動コンパイルが実行されます。必要となる操作は、▶をクリックしてフォルダの監視を有効にしておくこと。あとはSassファイルをテキストエディタで編集していくだけで、CSSファイルの内容も常に最新の状態に自動更新されます。

なお、フォルダ名の右側にある■をクリックすると、フォルダの監視を一時中断し、自動コンパイルを無効にすることができます。

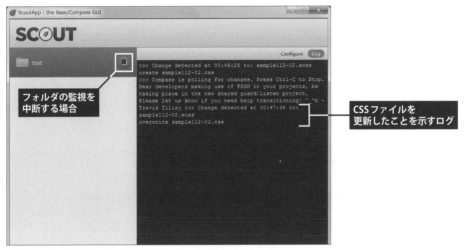

図1.4.3-7　自動コンパイルの実行とフォルダの監視の中断

フォルダの監視を解除するときは、[Configure]をクリックして設定画面を表示し、一番下にある[Remove]ボタンをクリックします。

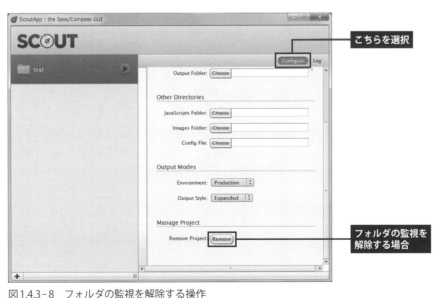

図1.4.3-8　フォルダの監視を解除する操作

1.4.4　java.exeのパスの確認と修正

　「Scout」はJavaを読み込むアプリケーションとなるため、プログラム内に「java.exe」の位置を示すパスが記述されています。ただし、このパスはJavaのバージョン7（または6）を基準にした記述で、バージョン8以降には対応していません（2015年9月時点）。よって、バージョン8以降のJavaを使用している環境では、P34に示したエラーが表示されてしまいます。
　この場合は、以下の手順で「java.exe」のパスを修正すると、#3214のエラーを回避できるようになります。

（1）最初に、各自のパソコンにインストールされている**「java.exe」のパス**を調べます。Windowsの場合、「Cドライブ」→「Program Files」→「Java」→「jreX.X.X_XX」→「bin」とフォルダを開いていくと、「java.exe」を見つけられると思います。

図1.4.4-1　「java.exe」のパスの確認

（2）続いて、「Scout」のプログラム（JavaScript）に記述されているパスを確認します。Windowsの場合、「Cドライブ」→「Program Files」→「Scout」→「JavaScripts」→「app」とフォルダを開いていくと、**「process_interaction.js」**というファイルを見つけることができます。このファイルを右クリックし、[**プロパティ**]を選択します。

図1.4.4-2 「process_interaction.js」のプロパティを表示

（3）［**セキュリティ**］**タブ**を選択し、「**Users**」のユーザーを選択します。すると、ファイルの「変更」や「書き込み」が許可されていないことを確認できます。このままではファイルを修正できないので、［**編集**］**ボタン**をクリックしてアクセス権限を変更します。

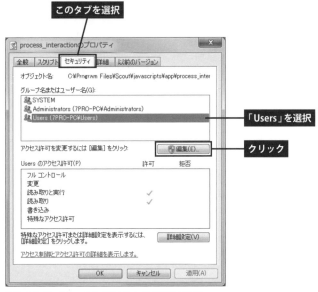

図1.4.4-3 ファイルのアクセス権限の確認

（4）「**Users**」のユーザーを選択し、「**フルコントロール**」のチェックボックスをONにします。すると、全ての操作が「許可」に設定されます。この状態で「**OK**」ボタンをクリックします。

図1.4.4-4　アクセス権限の変更

（5）フォルダ表示に戻ったら、「**process_interaction.js**」をテキストエディタで開きます。画面を最下部付近までスクロールしていくと、「**java.exe**」のパスが記述されている箇所を発見できると思います。

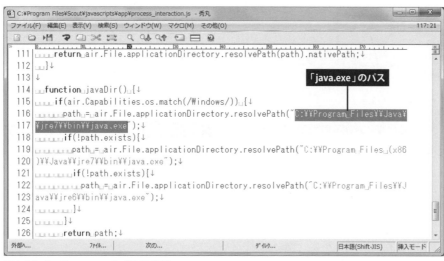

図1.4.4-5　「java.exe」のパスを確認

1.4 コンパイラにScoutを使う場合

（6）このパスの記述を、**手順（1）**で確認したパスに修正します。たいていの場合、「jre7」の部分を適切なフォルダ名に変更すると、正しいパスに修正できると思います。その後、ファイルを**上書き保存**します。

図1.4.4-6　「java.exe」のパスを修正して保存

（7）以上でパスの修正は完了です。「Scout」を**再起動**してから▶をクリックすると、#3214のエラーが表示されなくなり、正しくコンパイルが実行されるのを確認できると思います。

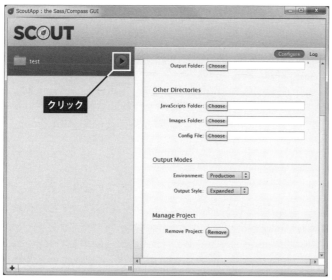

図1.4.4-7　Sassファイルの監視の開始

1.5 SCSS形式とSASS形式

Sassには「SCSS形式」と「SASS形式」の2種類の文法が用意されています。最近はSCSS形式でSassを記述するのが主流となっていますが、このほかにもSASS形式という文法があることを、念のため覚えておいてください。

1.5.1　SCSS形式のSass（拡張子.scss）

　これまでに本書で紹介してきたSassは、**SCSS形式**（Sassy CSS）の文法に従って記述されたSassとなります。この形式でSassを記述した場合は、ファイルの拡張子を「**.scss**」にする決まりになっています。

　SCSS形式はCSSと非常に互換性が高く、その文法はCSSの上位互換に相当するものとなります。具体的には、各セレクタの範囲を{……}で囲み、それぞれの書式指定を；（セミコロン）で区切る、という記法です。基本的なルールはCSSと同じなので、初めての方でも馴染みやすい記法といえるでしょう。

```
セレクタ{
  プロパティ：値；
  プロパティ：値；
  プロパティ：値；
}
```

　もちろん、**セレクタ { プロパティ：値；プロパティ：値；……}** という具合に、改行やインデントなしでSassを記述しても構いません。{……} と；の記号が重要な役割を担い、改行/タブ文字/スペースは基本的に無視されます。

　極端な話、既存のCSSファイルの拡張子を「.scss」に変更し、Sassファイルとして扱っても何ら問題は生じません。このSassファイルをコンパイルすると、元のCSSファイルが作成されることになります。『あまり意味のない作業なのでは……？』と思うかもしれませんが、そうではありません。

　たとえば、既存のWebサイトにおいて、スタイルシートの管理をCSSからSassに乗り換える場合を考えてみましょう。この場合、既存のCSSファイルの拡張子を「.scss」に変更するだけで、Sassファイルの基本形を作成することができます。あとは、Sassの便利な機能を取り込んで、より管理しやすいスタイルシートに改良していくだけ。これで、CSSからSassに乗り換えるこ

とが可能となります。ゼロからSassファイルを作成していく場合と比べれば、圧倒的に少ない手数でSassに移行できると思います。

このように「通常のCSSと互換性が高いこと」がSCSS形式の最大の特長です。現在、Sassの主流がSCSS形式になっている理由も、これが一番大きな要因であると思われます。

1.5.2　SASS形式のSass（拡張子.sass）

もう一つの文法となる**SASS形式**は、古くからSassの記法として用いられていたもので、セレクタの範囲を**インデント**、書式指定の区切りを**改行**で指定する仕組みになっています。この形式でSassを記述した場合は、ファイルの拡張子を「**.sass**」にする決まりになっています。

具体的な例で見ていきましょう。以下は、ネスト（入れ子構造）を使ってSassを記述した場合の例です。書式指定の内容は、P4〜5で紹介したsample112-01.scssと同じです。これをSASS形式で記述すると、右側に示した例のようになります。

SCSS形式（.scss）

```
1  .boxA {
2    width: 400px;
3    padding: 10px;
4    background-color: #99cc66;
5    h2 {
6      font-size: 24px;
7      color: #ffffff;
8    }
9    p {
10     font-size: 16px;
11     line-height: 1.5;
12   }
13 }
```

SASS形式（.sass）

```
1  .boxA
2    width: 400px
3    padding: 10px
4    background-color: #99cc66
5    h2
6      font-size: 24px
7      color: #ffffff
8    p
9      font-size: 16px
10     line-height: 1.5
```

このように、インデントと改行に重要な役割を持たせ、その代わりに{……}や;の記述を省略した記法がSASS形式となります。こちらはCSSの文法と互換性がないため、{……}や;の記号を記述するとエラーになってしまいます。もちろん、複数のプロパティを1行に記述したり、むやみにインデントの数（スペースやタブ文字の数）を変更したりすることはできません。

また、ミックスインを使用するときも、SASS形式ならではの記号を使用する必要があります。SASS形式では、**@mixin**を**=**の記号、**@include**を**+**の記号で記述する決まりになっています。

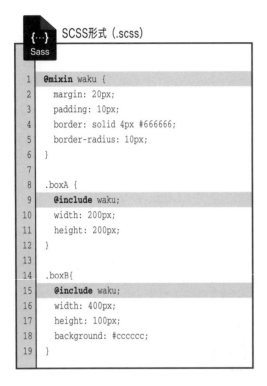
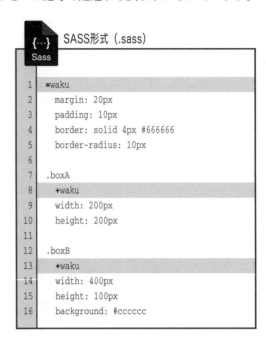

　SASS形式はCSSと互換性がなく、また新たに覚えるべきルールがいくつかあるため、現在ではあまり普及していません。各自の好みにもよりますが、広く普及しているSCSS形式を使用するのが基本といえるでしょう。よって、本書もSCSS形式に従ってSassの記法を解説していきます。

　なお、現在でもSASS形式のサポートは継続されており、今後も継続される予定です。SASS形式が使えなくなった訳ではありません。「Prepros」や「Scout」といったコンパイラは、SCSS形式とSASS形式の両方に対応しているため、SASS形式（.sass）でSassを記述しても問題なくCSSファイルに変換することが可能です。

1.6 テキストエディタAtomの紹介

Sassは各自の好きなテキストエディタを使って編集できますが、Sassに対応する言語向けのテキストエディタを用意しておいた方が便利なのも確かです。そこで、1.6節では「Atom」というテキストエディタの使い方を簡単に紹介しておきます。

1.6.1 Atomとは？

前述したように、Sassを編集するにあたって"絶対に使用すべきテキストエディタ"というものはありません。各自の好きなテキストエディタを使ってSassファイルの作成、編集を行うことが可能です。

とはいえ、実際問題を考えると、Web系言語に対応する専用のテキストエディタを使った方が効率よく作業を進められるのも事実です。こういったテキストエディタは、アルファベットを1～2文字入力するだけで、HTMLのタグ（終了タグ）やCSSのプロパティなどを自動補完してくれるため、入力の手間を省くと同時にスペルミスなどのトラブルを軽減できるようになります。

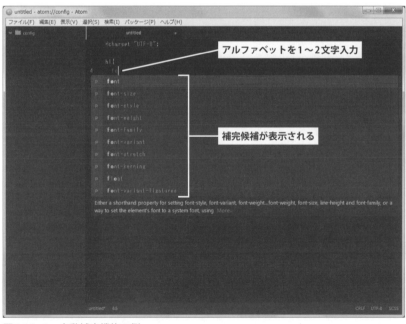

図1.6.1-1　自動補完機能の例

Web制作の現場では「**Sublime Text**」というテキストエディタがよく使用されていますが、最近は「**Atom**」というテキストエディタも注目を集めています。そこで、Sassにも対応する言語系テキストエディタとして、「Atom」の使い方を簡単に紹介しておきましょう。

　「Atom」はGitHubが開発しているオープンソースのテキストエディタで、2015年6月に正式版（v1.0.0）がリリースされた、比較的新しいテキストエディタとなります。その特長は、**パッケージ**をインストールすることにより、各自の用途に合わせて様々な機能を追加できること。以前は『動作が重くて不安定……』という声もありましたが、度重なる改良が繰り返された結果、現在では非常に使いやすいテキストエディタに仕上がっています。もちろん、HTMLやCSS、JavaScriptをはじめ、Sass（.scss）にも標準対応しているため、Web制作用のテキストエディタとして十分に活用できると思います。Windows版、Mac OS X版、Linux版の3種類が用意されており、無償で使用できるので、気になる方はこの機会に試してみるとよいでしょう。

1.6.2　Atomのインストールと起動

　それでは「Atom」のインストール手順から解説していきましょう。ここでは、Windows版の「Atom」を例にインストール手順を解説します。

（1）Webブラウザで『Atomの公式サイト』（https://atom.io/）を開きます。すると、各自が使用しているOSに合わせて**ダウンロードボタン**が表示されます。これをクリックしてインストール用のファイルをダウンロードします。

図1.6.2-1　「Atom」のダウンロード

（2）ダウンロードが完了したら、ダウンロードしたファイルを**ダブルクリック**して開きます。

図1.6.2-2　「Atom」のインストール（1）

（3）「Atom」のインストールが自動的に開始されます。このような画面が表示されるので、作業が終了するまでそのまま待ちます。

図1.6.2-3　「Atom」のインストール（2）

（4）インストールが完了すると、自動的に「Atom」が起動します。

図1.6.2-4　「Atom」の起動画面

（5）デスクトップには「**Atomのショートカットアイコン**」が作成されます。次回以降は、このアイコンをダブルクリックすると「Atom」を起動できます。

図1.6.2-5　「Atom」のショートカットアイコン

1.6.3　Atomの設定変更

続いて「Atom」の使い方を簡単に紹介していきます。まずは「Atom」の設定を変更する方法を紹介します。初期設定のままでは使いづらい部分もあるので、各自の好みに合わせて設定をカスタマイズしておいてください。

（1）「Atom」を起動し、[**File**]**メニュー**から[**Settings**]を選択します。
　　※P49～50で紹介した手順でAtomを日本語化している場合は［ファイル］－［環境設定］を選択します。

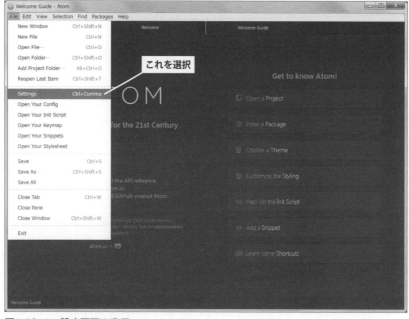

図1.6.3-1　設定画面の表示

（2）「Atom」の設定画面が表示されます。以下の図のように「Welcome」や「Welcome Guide」、「Untitled」（名前なしの新規ファイル）といったタブが表示されている場合は、**各タブの[×]をクリックしてタブを閉じておく**と、設定画面が見やすくなります。

図1.6.3-2　不要なタブを閉じる

（3）設定画面を下へスクロールしていくと「**Editor Setting**」という分類が見つかります。ここでは、最初に**フォントの変更**を行っておくことをお勧めします。というのも、初期設定の「Atom」は中国語系のフォントで日本語が表示されるため、文字が読みにくくなってしまうからです。「MS Gothic」などの**等幅フォント**を指定しておくと、文字が読みやすくなると思います。

図1.6.3-3　フォントの指定

（4）さらに画面を下へスクロールさせると、**編集記号の表示/非表示**や**折り返し**に関する設定項目が見つかります。各自の好みにもよりますが、以下の項目をONにしておくと編集画面が見やすくなると思います。

  Show Indent Guide ………… タブや｛……｝などの範囲を縦線で表示
  Show Invisibles ……………… 半角スペースやタブ文字などの編集記号を表示
  Soft Wrap ……………………… 長い行を折り返して表示（ウィンドウ幅で折り返し）
  Soft Wrap At Preferred Line Length ……………… 指定した文字数で折り返して表示

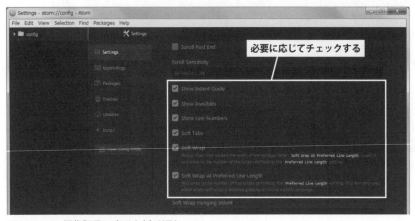

図1.6.3-4　編集記号の表示と折り返し

（5）設定変更が済んだら、「**Settings**」タブの[×]をクリックして設定画面を閉じます。

図1.6.3-5　設定変更の終了

　ここで紹介した設定項目のほかにも、「文字サイズ」や「タブ文字の長さ」（半角スペース換算）など、テキストの見た目に関わる設定項目がいくつか用意されています。項目名を見れば設定内容を理解できると思うので、使いやすい環境になるようにカスタマイズしておくとよいでしょう。設定内容がよく分からない場合は、次ページに紹介する「Atomの日本語化」を行うと、項目名などを日本語表記に変更できます。

1.6.4　パッケージのインストール（Atomの日本語化）

「Atom」の最大の特長は、**パッケージをインストールすることで様々な機能を追加できること**です。できるだけ使い勝手のよいテキストエディタになるように、気になるパッケージをインストールしておくとよいでしょう。

　ここでは「Atom」を日本語化する「**japanese-menu**」を例に、パッケージのインストール手順を解説します。

（1）「Atom」の設定画面を開き、[**Install**]の項目を選択します。検索欄に「**japanese-menu**」と入力し、[**Packages**]ボタンをクリックします。

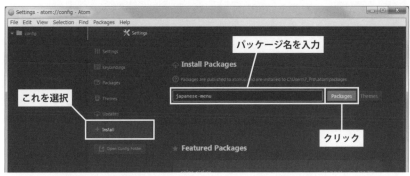

図1.6.4-1　パッケージの検索

（2）検索結果が一覧表示されるので、この中から「**japanese-menu**」のパッケージを探し出し、[**Install**]ボタンをクリックします。

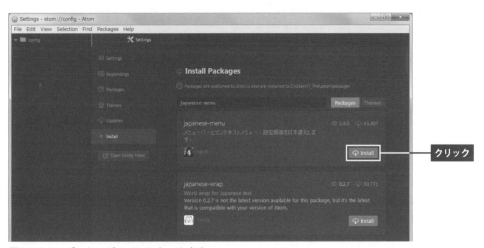

図1.6.4-2　パッケージのインストール（1）

（3）パッケージのダウンロードが開始され、ボタンが縦縞の模様で表示されます。

図1.6.4-3　パッケージのインストール（2）

（4）以下の図のようにボタン表示が変化すれば、パッケージのインストールは完了です。なお、今回の例では「Atomを日本語化するパッケージ」をインストールしているので、メニューやボタンなどの表示が日本語に変化します。

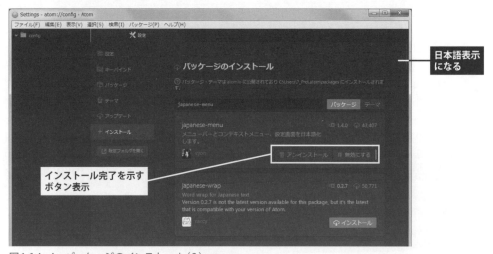

図1.6.4-4　パッケージのインストール（3）

なお、同様の手順でテーマをインストールすることも可能です。この場合は検索欄にキーワードを入力した後、［テーマ］ボタン（［Themes］ボタン）をクリックします。テーマは「Atom」の画面表示をカスタマイズする機能で、タグやプロパティ、値などを個別の色で表示し、ソースを見やすくする効果があります。

1.6.5 お勧めのパッケージ

「japanese-menu」のほかにもインストールしておくと便利なパッケージは沢山あります。ここでは、それらの中でも特に重要と思われるパッケージをいくつか紹介しておきましょう。

・japanese-wrap
設定画面で「Sort Wrap」をONにしても、日本語（全角文字）の文章は正しく折り返されません。日本語の文章を折り返して表示するには、このパッケージをインストールしておく必要があります。

・file-icons
ツリービューのアイコン表示をファイルの種類別に変化させることができます。

・color-picker
カラーピッカーを使って色を指定できるようになります。カラーピッカーを表示するときは、マウスの右クリックメニューから「カラーピッカー」を選択するか、もしくは[Ctrl]＋[Alt]＋[C]キーを押します。

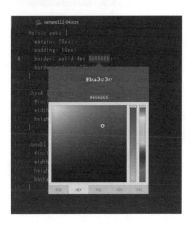

・show-ideographic-space
全角スペースを□の記号で表示できるようになります。

　これらのほかにも2800種類以上のパッケージ、800種類以上のテーマが配布されています（2015年9月時点）。「Atom　パッケージ」や「Atom　テーマ」などのキーワードでWeb検索すると、代表的なパッケージ＆テーマを紹介しているWebページを発見できるので、これらの記事も参考にしながら、"使いやすいテキストエディタ"に仕上げていくとよいでしょう。

1.6.6　パッケージの管理とテーマの適用

　インストールした**パッケージ**を管理するときは、「Atom」の設定画面を開き、［**パッケージ**］（［Packages］）の項目を選択します。すると、インストール済みのパッケージが一覧表示され、各パッケージの有効/無効、アンインストールなどの操作を行えるようになります。

　なお、「Atom」の日本語化が上手く機能しない場合は、いちど「japanese-menu」を無効にしてから再び有効に戻すと、正しく日本語で表示されるようになります。

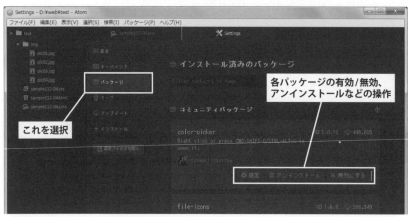

図1.6.6-1　パッケージの管理

　設定画面で［**テーマ**］（［Themes］）の項目を選択すると、画面に適用する**テーマ**を変更できます。あらかじめ用意されているテーマだけでなく、自分で追加インストールしたテーマも試しながら、見やすい画面表示になるように最適なテーマを探し出してください。

図1.6.6-2　テーマの適用

1.6.7　Sassファイルの作成と編集

　新たにファイルを作成するときは、[Ctrl] + [N] キーを押して新規ファイルを作成します。続いて、画面右下にある「**Plain Text**」をクリックし、作成するファイルの種類を選択します。Sassファイルを作成する場合は、この一覧から「**SCSS**」を選択します。

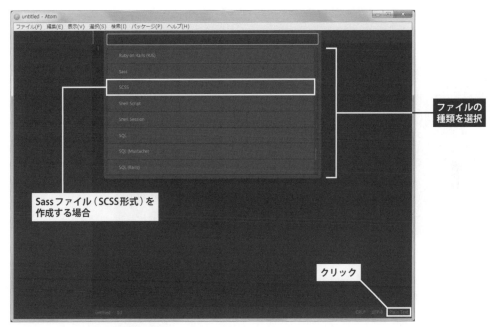

図1.6.7-1　ファイルの種類の指定

　すると、選択した言語の補完入力を使用できるようになります。@mixinのように@で始まる文字を入力する場合は、@を除いた形で最初の1～2文字を入力すると、適切な補完候補を表示できます。

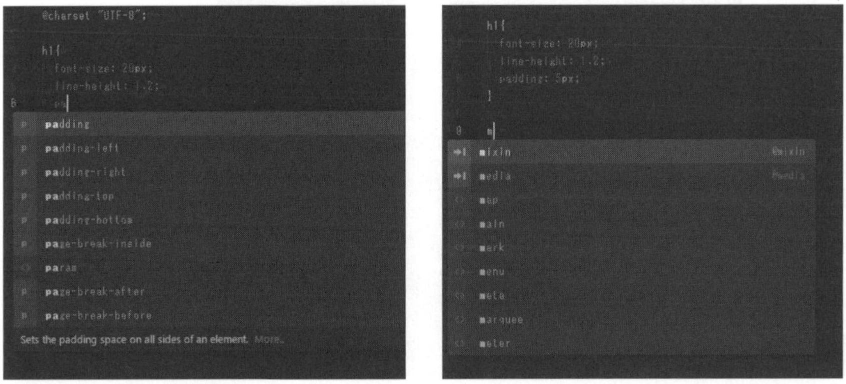

図1.6.7-2　補完入力機能

1.6.8　フォルダの登録と解除

　実際にWebを制作するときは、[**ファイル**]-[**プロジェクトフォルダを追加**]を選択し、フォルダを登録した状態で「Atom」を使用するとよいでしょう。この場合、**ツリービュー**にフォルダ内のファイルが一覧表示されるので、この中から編集するファイルをクリックして開きます。もちろん、複数のファイルを同時に開いて作業を進めることも可能です。

図1.6.8-1　フォルダを登録した場合（ツリービューの表示）

　作業が一通り終了し、フォルダの登録を解除するときは、そのフォルダ名を右クリックして[**プロジェクトフォルダを除去**]を選択します。すると、フォルダの登録が解除され、ツリービューが空白の状態に戻ります。

図1.6.8-2　フォルダの登録の解除

1.6.9 画面の分割

「Atom」のウィンドウを左右（または上下）に分割して、複数のファイルを見比べながら作業を進めていくことも可能です。Sassファイルを左側、コンパイル後のCSSファイルを右側に表示しておくと、『Sassの変更がどのように反映されているか？』を即座に確認でき、スムーズに作業を進められると思います。

まずは、ツリービューに表示されたSassファイルをクリックしてSassファイルを開きます。

図1.6.9-1　Sassファイルを開く

続いて、コンパイル後のCSSファイルを**右クリック**し、[**ペイン分割 →**]を選択します。

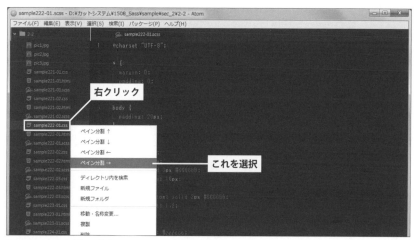

図1.6.9-2　右側のペインにCSSファイルを開く

すると、画面が左右に分割され、左側にSassファイル、右側にCSSファイルを開いた状態になります。

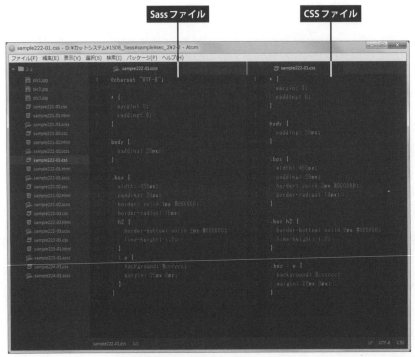

図1.6.9-3　2つのファイルを同時に開いた様子

あとは、「Prepros」などのコンパイラを起動した状態でSassファイルの編集作業を進めていくだけ。Sassファイルを上書き保存すると自動的にコンパイルが実行され、右側に表示されているCSSファイルも自動更新されます。このような状態にしておくと、変換結果を常に確認しながらSassの編集作業を行えるようになります。

第 2 章

Sassの基本的な記述方法

ここからはSassならではの記法について解説していきます。第2章では、ネスト、変数、数式、関数といった機能のほかに、レスポンシブWebデザインでSassを使用する場合について解説します。

2.1 文字コードの指定とコメント

まずは、Sassファイルの先頭に記述する「文字コードの指定」について解説します。また、Sassファイルにコメントを記述する方法についても紹介しておきます。コメントは3種類の記法があるので、それぞれの違いをよく覚えておいてください。

2.1.1 文字コードの指定

コメントなどを日本語で記述する場合もあるため、Sassファイル（.scss）を作成するときも最初に**文字コード**を指定しておくのが基本です。この記述方法は通常のCSSと全く同じです。文字コードに**UTF-8**を使用する場合は、以下のように記述して文字コードを指定します。

```
@charset "UTF-8";
```

もちろん、他の文字コードを使用する場合は、それに合わせて"Shift_JIS"や"EUC-JP"などの値を指定しなければいけません。とはいえ、Webでは文字コードにUTF-8を使用するのが一般的なので、特に理由がない限りSassもUTF-8の文字コードで記述しておくとよいでしょう。

2.1.2 SassファイルのCSSの記述

続いては、Sassファイル内に通常のCSSを記述する場合について補足しておきます。**SCSS形式**（.scss）のSassはCSSの上位互換となるため、普通にCSSを記述して書式指定を行うことが可能です。

これは「全ての要素」を示す*（アスタリスク）なども同様です。たとえば、ブラウザごとの差異を解消するリセットCSSとして、次ページのような書式指定を記述する場合もあります。このSassファイルをCSSにコンパイルすると、記述内容がそのままCSSファイルにも反映されます。

```
sample212-01.scss
1  @charset "UTF-8";
2  /* ======== 初期設定 ======== */
3  * {
4    margin: 0;
5    padding: 0;
6  }
```

```
sample212-01.css
@charset "UTF-8";
/* ======== 初期設定 ======== */
* {
  margin: 0;
  padding: 0;
}
```

このように通常のCSSで記述した内容は、コンパイル後も同じ記述内容のままCSSとして出力される仕組みになっています。CSSの出力方法に応じてインデントや改行の有無などが変化する場合もありますが、基本的な記述内容は「そのままCSSとして出力される」と考えて構いません。

要するに、Sassならではの機能を使わずに、通常のCSSで書式を指定しても何ら問題は生じないのです。『便利な機能だけSassの記法を活用し、それ以外は通常のCSSで記述していく』という考え方でSassを使い始めるとよいでしょう。

なお、コンパイル後のCSSに日本語（全角文字）が1文字も含まれていなかった場合は、文字コードを指定する**@charset**を省略した形でCSSが出力されます。たとえば、コメント文を以下のように半角文字だけで記述すると、@charsetが指定されていないCSSが出力されます。念のため、覚えておいてください。

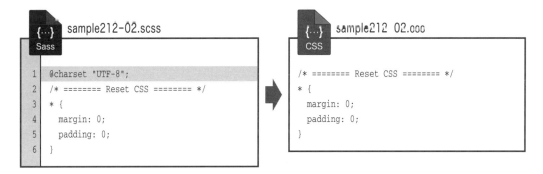

```
sample212-02.scss
1  @charset "UTF-8";
2  /* ======== Reset CSS ======== */
3  * {
4    margin: 0;
5    padding: 0;
6  }
```

```
sample212-02.css
/* ======== Reset CSS ======== */
* {
  margin: 0;
  padding: 0;
}
```

リセットCSSについて

上記の例で紹介しているリセットCSSは、かなり簡素化された一昔前のリセットCSSとなります。最近は、あらかじめ用意されているリセット用のCSSファイルを読み込んで使用するのが一般的です。なお、本書の第5章で紹介するCompassにもEric Meyer's reset 2.0をベースにしたリセットCSSが用意されています。

2.1.3　Sassのコメント

続いては、Sassファイル内に**コメント**を記述する方法を解説します。Sassでは、以下に示す3種類の方法でコメントを記述することが可能です。

　　// ……………………　1行コメント（CSS変換後は削除される）
　　/* …… */ ……………　通常のコメント（CSS変換後も残る）
　　/*! …… */ …………　圧縮したCSSファイルにもコメントを残す場合

最初に紹介した**//**は「1行だけのコメント」を記述する場合に使用します。ただし、このコメントはコンパイル時に自動削除されるため、CSSファイルにもコメントを残しておきたい場合は、/* …… */を使ってコメントを記述しなければいけません。

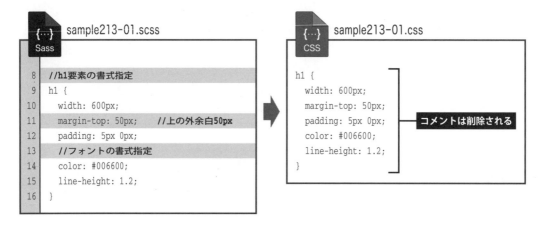

2番目に紹介した**/* …… */**はCSSの記法に従った「通常のコメント」です。このコメントはコンパイル後のCSSファイルにも残ります。複数行にわたってコメントを記す場合も、この方法でコメントを記述する必要があります。

最後に紹介した /*! …… */ は、圧縮形式のCSSファイルにもコメントを残す場合に使用します。出力方法に「**Compressed**」（P23参照）を指定すると、コメント/インデント/改行を削除したCSSファイルが出力されますが、コメントの最初の文字を!にした場合は、圧縮の有無に関わらずコメントが必ず出力される仕組みになっています。CSSファイルにコピーライト情報を残す場合などに活用できるので、念のため覚えておくとよいでしょう。

sample213-01.scss (Sass)

```scss
@charset "UTF-8";
/* ======== Reset CSS ======== */
* {
  margin: 0;
  padding: 0;
}

//h1要素の書式指定
h1 {
  width: 600px;
  margin-top: 50px;       //上の外余白50px
  padding: 5px 0px;
  //フォントの書式指定
  color: #006600;
  line-height: 1.2;
}

/* 以下の書式指定は暫定です
   2015年10月5日までに最終決定します */
h2 {
  width: 600px;
  margin-top: 25px;
  padding: 5px 0px;
  line-height: 1.2;
}

/*! Copyright (C) 2015 Yusuke Aizawa All rights reserved. */
```

sample213-01.min.css（圧縮形式のCSS）

```css
*{margin:0;padding:0}h1{width:600px;margin-top:50px;padding:5px 0px;color:#006600;line-height:1.2}h2{width:600px;margin-top:25px;padding:5px 0px;line-height:1.2}/*! Copyright (C) 2015 Yusuke Aizawa All rights reserved. */
```

SASS形式でSassファイルを作成した場合

　SASS形式（.sass）でSassファイルを作成した場合は、//を使って複数行のコメントを記述することも可能です。この場合は、コメントの範囲をインデントで指定します。たとえば、以下のようにインデントを設けて2行目を記述すると、その行もコメントとして扱われるようになります。

```
// 以下の書式指定は暫定です
    2015年10月5日までに最終決定します
h2
  width: 600px
  margin-top: 25px
    :
```

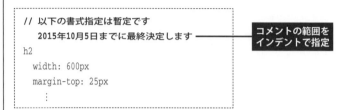
コメントの範囲を
インデントで指定

　これは/*で始まるコメントも同様です。2行目以降のコメントには必ずインデントを設けておく必要があることに注意してください。インデントを設けずに2行目以降のコメントを記述すると、その行がセレクタと見なされるためエラーが生じてしまいます。

```
/* 以下の書式指定は暫定です
2015年10月5日までに最終決定します */
h2
  width: 600px
  margin-top: 25px
    :
```

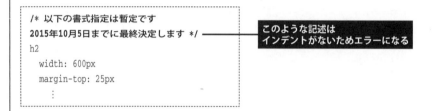
このような記述は
インデントがないためエラーになる

　なお、SASS形式の場合は、コメントの最後に記述する*/を省略することも可能です。念のため覚えておいてください。

2.2 ネスト（入れ子構造）

Sassを使うと、ネスト（入れ子構造）を使って各セレクタの書式を指定できるようになります。このため、関連する要素の書式指定を1箇所にまとめることが可能となります。続いては、ネストの記述方法について詳しく解説していきます。

2.2.1 セレクタのネスト

　本書の冒頭でも紹介したように、**ネスト**（入れ子構造）を使って書式指定を記述できることもSassの大きな特長の一つです。具体的な例を示しながら詳しく紹介していきましょう。
　ここでは以下のHTMLを例に、ネストを使った書式指定の記述方法を解説していきます。

sample221-01.html

```
12  <h1>入場料</h1>
13  <table id="price">
14    <thead>
15        <tr><th></th><th>平日</th><th>土曜</th><th>日曜・祝日</th></tr>
16    </thead>
17    <tbody>
18      <tr><th>大　人</th><td>1,500円</td><td>1,800円</td><td>1,900円</td></tr>
19      <tr><th>高校生</th><td>1,200円</td><td>1,400円</td><td>1,500円</td></tr>
20      <tr><th>中学生</th><td>900円</td><td>1,100円</td><td>1,200円</td></tr>
21      <tr><th>小学生</th><td>500円</td><td>800円</td><td>1,000円</td></tr>
22    </tbody>
23  </table>
```

　table要素を使って表を作成しているだけで、特に難しい内容はありません。表の1行目はヘッダー行として扱うため、<thead>～</thead>で囲んでいます。同様に、表の2～5行目は表の本体となるため、<tbody>～</tbody>で囲んでいます。
　table要素には"price"というID名が指定されていますが、他の要素にはID名やクラス名が指定されていません。このため、.price thead tr th{……}のように、**半角スペース**（子孫セレクタ）を使って書式指定の対象とする要素を限定しなければいけません。

まずは、HTMLの階層どおりに、ネストを使って各要素の書式を指定した例を示します。

```scss
12  #price {
13    border-collapse: collapse;
14    thead {
15      background: #333333;
16      color: #ffffff;
17      tr {
18        th {
19          width: 110px;
20          border: solid 2px #999999;
21          padding: 5px 10px;
22        }
23      }
24    }
25    tbody {
26      tr {
27        th, td {
28          border: solid 2px #999999;
29          padding: 5px 10px;
30        }
31        th { background: #cccccc; }
32        td { text-align: right; }
33      }
34    }
35  }
```

```css
#price {
  border-collapse: collapse;
}

#price thead {
  background: #333333;
  color: #ffffff;
}

#price thead tr th {
  width: 110px;
  border: solid 2px #999999;
  padding: 5px 10px;
}

#price tbody tr th, #price tbody tr td {
  border: solid 2px #999999;
  padding: 5px 10px;
}

#price tbody tr th {
  background: #cccccc;
}

#price tbody tr td {
  text-align: right;
}
```

　この例を見ると、ネストの階層に応じて**半角スペース区切り**でセレクタが出力されているのを確認できると思います。たとえば、#price{……}の中にあるthead{……}の書式指定（15～16行目）は、#price thead{……}という形でCSSが出力されています。同様に、#price → thead → tr → thの階層にある19～21行目は、#price thead tr th {……}という形でCSSが出力されています。

　このとき、,（カンマ）を使って複数のセレクタを併記することも可能です。たとえば、28～29行目の書式指定は、#price → tbody → trの中にある「thとtd」として処理されるため、#price tbody tr th, #price tbody tr td {……}という形のCSSが出力されます。

　階層が深いため少々複雑ですが、各階層を順番に追っていけば、ネストの仕組みを理解できると思います。参考までに、このSassから作成されたCSS（sample221-01.css）を適用した結果を次ページに紹介しておきます。

入場料

	平日	土曜	日曜・祝日
大　人	1,500円	1,800円	1,900円
高校生	1,200円	1,400円	1,500円
中学生	900円	1,100円	1,200円
小学生	500円	800円	1,000円

図2.2.1-1　表（table）の書式指定

もちろん、必ずしもHTMLの階層に従ってネストを記述しなければならない訳ではありません。先ほどの例の場合、`tr`要素には何も書式を指定していませんし、`th`要素と`td`要素には共通する書式指定があります。よって、以下のようにSassを記述しても同様の結果を得られます。こちらの方が実践的で、Sassの特長を活かした記述方法といえるでしょう。

{···} Sass　sample221-02.scss

```
12  #price {
13    border-collapse: collapse;
14    thead {
15      background: #333333;
16      color: #ffffff;
17    }
18    th, td {
19      width: 110px;
20      border: solid 2px #999999;
21      padding: 5px 10px;
22    }
23    tbody {
24      th { background: #cccccc; }
25      td { text-align: right; }
26    }
27  }
```

{···} CSS　sample221-02.css

```
#price {
  border-collapse: collapse;
}

#price thead {
  background: #333333;
  color: #ffffff;
}

#price th, #price td {
  width: 110px;
  border: solid 2px #999999;
  padding: 5px 10px;
}

#price tbody th {
  background: #cccccc;
}

#price tbody td {
  text-align: right;
}
```

13行目は、`table`要素となる`#price`の書式指定です。各セルの枠線を重ねて配置する書式を指定しています。

15～16行目は、`#price`内にある`thead`要素の書式指定です。表の1行目の背景色と文字色を指定しています。

19～21行目は、#price内にある「th要素とtd要素」に共通する書式の指定です。各セルの幅、枠線、内余白を指定しています。theadやtbody、trといった要素の階層をスキップしていますが、半角スペースは子孫セレクタを示す接続詞となるため、この記述でも特に問題は生じません。

　24～25行目は、#price内のtbody内にある「th要素ならびにtd要素」の書式指定です。th要素には背景色、td要素には右揃えの書式を指定しています。こちらもtr要素をスキップして記述しています。

　このように、Sassを使うと入れ子構造でセレクタを記述することが可能となります。似たようなセレクタを何回も記述する手間が省けますし、関連する書式指定を1箇所にまとめて記述できるのが大きな利点となります。

　ID名を変更したくなった場合にも柔軟に対応できます。CSSでスタイルシートを記述した場合は、ID名の変更に合わせて何箇所もセレクタを修正しなければいけません。先ほどの例の場合、#priceの記述は5回登場するので5箇所の修正が必要です。一方、Sassの場合は、12行目にある#priceを修正するだけでID名の変更にも対応できます。こういった柔軟性もネストを使って記述することの大きな利点といえるでしょう。

2.2.2　子セレクタ／隣接セレクタ／兄弟セレクタの指定

　半角スペース（子孫セレクタ）ではなく、>（子セレクタ）や +（隣接セレクタ）、~（兄弟セレクタ）を使って対象となる要素を限定する場合もあります。あまり使用頻度が高くない接続詞なので、念のため簡単にまとめておきましょう。

- ○ > △ ……………… ○要素の**子要素**となる△要素（孫要素は対象外）
- ○ + △ ……………… ○要素の**直後に登場する**△要素（兄弟要素）
- ○ ~ △ ……………… ○要素より**後に登場する**△要素（兄弟要素）

※ ○ならびに△は、それぞれ要素名／クラス名／ID名を示しています。

　これらの接続詞もネストを使って記述することが可能です。ここでは、次ページに示したHTMLを使って簡単な例を紹介しておきましょう。

2.2 ネスト（入れ子構造）

sample222-01.html

```html
12  <section class="box">
13    <p>これは1番目の段落です。</p>
14    <h2>ネストを使った記述</h2>
15    <p>これは2番目の段落です。</p>
16    <div>
17      <p>3番目の段落はdiv要素内にある孫要素です。</p>
18    </div>
19    <p>これは4番目の段落です。</p>
20  </section>
```

■子セレクタ（>）

　○要素の**子要素**となる△要素を指定するときは、セレクタの前に**>**（大なり記号）を記述します。以下の例の場合、「クラス名が"box"の要素」の子要素となるp要素が書式指定の対象になります。孫要素以下のp要素は書式指定の対象となりません。

sample222-01.scss

```scss
12  .box {
13    width: 450px;
         ⋮
17    h2 {
18      border-bottom: solid 2px #666666;
19      line-height: 1.2;
20    }
21    > p {
22      background: #cccccc;
23      margin: 20px 0px;
24    }
25  }
```

sample222-01.css

```css
.box {
  width: 450px;
    ⋮
}

.box h2 {
  border-bottom: solid 2px #666666;
  line-height: 1.2;
}

.box > p {
  background: #cccccc;
  margin: 20px 0px;
}
```

これは1番目の段落です。

ネストを使った記述

これは2番目の段落です。

3番目の段落はdiv要素内にある孫要素です。　←孫要素となるp要素は対象外

これは4番目の段落です。

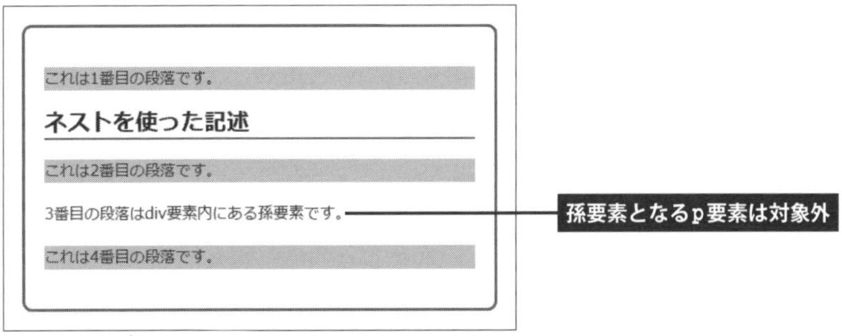

図2.2.2-1　子セレクタを使った書式指定

■隣接セレクタ（+）

　○要素の**直後に登場**する△要素を指定するときは、セレクタの前に+（プラス）を記述します。以下の例の場合、クラス名が"box"の要素内にあり、h2要素の直後に登場するp要素だけが書式指定の対象になります。

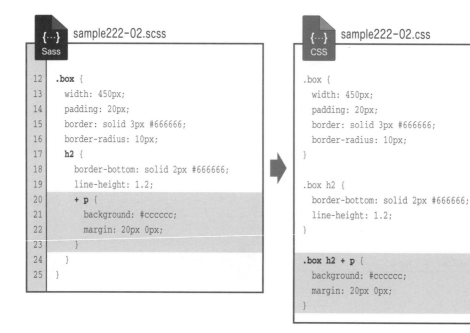

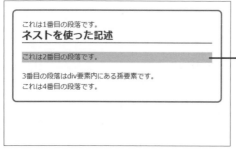

図2.2.2-2　隣接セレクタを使った書式指定

2.2 ネスト（入れ子構造）

■兄弟セレクタ（~）

○要素より**後に登場**する△要素を指定するときは、セレクタの前に**~**（チルダ）を記述します。以下の例の場合、クラス名が"box"の要素内にあり、h2要素より後に登場するp要素が書式指定の対象になります。ただし、h2要素と兄弟関係ではないp要素は書式指定の対象になりません。

sample222-03.scss
```scss
12  .box {
13    width: 450px;
14    padding: 20px;
15    border: solid 3px #666666;
16    border-radius: 10px;
17    h2 {
18      border-bottom: solid 2px #666666;
19      line-height: 1.2;
20      ~ p {
21        background: #cccccc;
22        margin: 20px 0px;
23      }
24    }
25  }
```

sample222-03.css
```css
.box {
  width: 450px;
  padding: 20px;
  border: solid 3px #666666;
  border-radius: 10px;
}

.box h2 {
  border-bottom: solid 2px #666666;
  line-height: 1.2;
}

.box h2 ~ p {
  background: #cccccc;
  margin: 20px 0px;
}
```

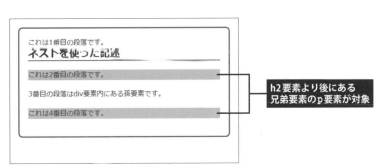

図2.2.2-3　兄弟セレクタを使った書式指定

2.2.3　親セレクタの参照

ネストを使って書式指定を記述する際に、&（アンド）の記号で**親セレクタ**を参照することも可能です。文章だけでは理解しにくいと思うので、具体的な例を示しながら解説していきます。

■ **親要素に応じて書式を変更する場合**

以下は、"round"というクラスを指定したimg要素で3枚の画像を配置した場合の例です。2枚目の画像はa要素で囲み、リンクとして扱っています。

これらの画像に以下の図のような書式を指定する場合を考えます。通常の画像は不透明度0.45で表示し、リンクのある画像だけ不透明度1.0で表示します。

図2.2.3-1　a要素内の画像（リンク）だけ異なる書式を指定

この場合、「a要素内にある画像」だけ異なる書式を指定しなければいけません。そこで&を使用して次ページのようにSassを記述します。

```
     sample223-01.scss                    sample223-01.css

12   .round {                      .round {
13       width: 190px;               width: 190px;
14       margin-right: 10px;         margin-right: 10px;
15       opacity: 0.45;              opacity: 0.45;
16       a & {                    }
17           opacity: 1.0;
18       }                        a .round {
19   }                              opacity: 1.0;
                                  }
```

　Sassファイルの13〜15行目は、通常の画像（クラス名"round"）の書式指定です。幅と右側の外余白を指定し、さらにopacityで不透明度0.45を指定しています。

　16〜18行目はネストを使って記述しているため、.roundの子要素（子孫要素）の書式を指定する部分となります。当然ながら、その親要素は.roundになります。つまり、&は.roundを示していることになります。よって、a & {……}をコンパイルするとa .round {……}に変換されます。ここにopacityの書式を指定することで、「a要素内にある画像（.round）だけ不透明度1.0にする」という処理を実現しています。

■ クラスごとに書式を変化させる場合

　続いては、button要素にクラスを指定して背景色を変化させる場合の例を紹介します。

```
     sample223-01.html

21   <h1>ボタンの装飾</h1>
22   <div>
23     <button class="gray">Gray</button>
24     <button class="red">Red</button>
25     <button class="green">Green</button>
26   </div>
```

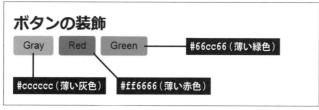

図2.2.3-2　クラスを使ってボタンの背景色を変更

この場合も&を使ってSassを記述すると、「button要素に共通する書式指定」と「各クラスの書式指定」を1箇所にまとめて記述できます。

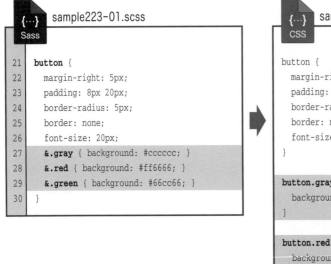
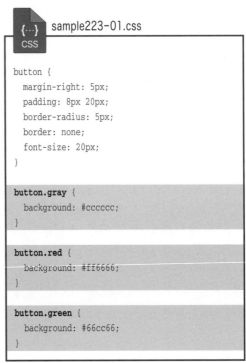

Sassファイルの22〜26行目はbutton要素の書式指定です。右側の外余白、上下/左右の内余白、角丸、枠線、文字サイズの書式を指定することでボタンの見た目を整えています。

27〜29行目は各クラスの書式指定です。今回の例では、&がbuttonを示すことになるため、&.gray {……}はbutton.gray {……}に変換されます。28〜29行目も同様です。

このように&を活用すると、「button要素」と「色を指定するクラス」の書式指定を1箇所にまとめて記述することが可能となります。

■ 疑似クラスを使って書式を指定する場合

そのほか、:hoverなどの**疑似クラス**を使用する場合にも&が活用できます。たとえば、マウスオーバー時にリンクの書式を変化させるには、疑似クラスを使ってa:hover {……}の書式を指定しなければいけません。このような場合に&を使うと、a要素に関連する書式を1箇所にまとめて記述できます。

2.2 ネスト（入れ子構造）

sample223-01.html

```html
30  <h1>国立美術館へのリンク</h1>
31  <div class="art-link">
32    <a href="http://www.momat.go.jp/">東京国立近代美術館</a><br>
33    <a href="http://www.momak.go.jp/">京都国立近代美術館</a><br>
34    <a href="http://www.nmwa.go.jp/">国立西洋美術館</a><br>
35    <a href="http://www.nmao.go.jp/">国立国際美術館</a><br>
36    <a href="http://www.nact.jp/">国立新美術館</a><br>
37  </div>
```

図2.2.3-3　疑似クラスを使った書式指定

sample223-01.scss

```scss
32  .art-link{
33    line-height: 2.0;
34    padding-left: 15px;
35    a {
36      color: #0000ff;
37      text-decoration: none;
38      &:hover  { background: #ff9999; }
39      &:active { background: #ffff00; }
40    }
41  }
```

sample223-01.css

```css
.art-link {
  line-height: 2.0;
  padding-left: 15px;
}

.art-link a {
  color: #0000ff;
  text-decoration: none;
}

.art-link a:hover {
  background: #ff9999;
}

.art-link a:active {
  background: #ffff00;
}
```

Sassファイルの33〜34行目は、クラス名が"art-link"のdiv要素の書式指定です。行間と左側の内余白を調整しています。
　36〜37行目は、.art-link内にあるa要素の書式指定です。文字色と文字飾りの書式を指定しています。
　38行目はマウスオーバー時の書式指定です。この場合、&は.art-link aを示すことになります。この&に続けて:hoverの疑似クラスを記述すると、マウスオーバー時の書式を指定できます。39行目も同様で、こちらはクリック時の書式を指定しています。

　このように&を使用すると、本来は分けて記述すべき書式指定を1箇所にまとめて記述することが可能となります。関連する書式指定をまとめられるので、スタイルシートを管理しやすくなると思います。&が示す親セレクタを見極めるのに若干の慣れが必要ですが、便利に活用できる機能なので、ぜひ使い方を覚えておいてください。

3階層目以降に記述した&

　親要素を参照する&を3階層目以降に記述する場合は、&が『どのセレクタを示しているか？』を十分に把握しておく必要があります。
　たとえば、以下のようにSassを記述した場合、&は「A要素内にあるB要素」すなわち「A B」を示します。直近のB要素だけを示すのではなく、その親要素も引き継がれることに注意してください。よって、X & {……} をコンパイルすると、X A B {……} というCSSが作成されます。X B {……} またはA X B {……} という記述にはなりません。

```
A {
  xxxx: 000;
  xxxx: 000;
    ⋮
  B {
    xxxx: 000;
    xxxx: 000;
      ⋮
    X & {
      xxxx: 000;
      xxxx: 000;
        ⋮
    }
  }
}
```

2.2.4　プロパティ名のネスト

　Sassには、プロパティ名をネストする機能も用意されています。セレクタのネストほど使用頻度は高くありませんが、念のため覚えておくとよいでしょう。

　CSSには、`margin-top`や`font-size`のように`-`（ハイフン）を含むプロパティ名が数多くあります。これらのプロパティ名は、ハイフンの前後でネストして記述することが可能です。たとえば、以下のようにSassを記述すると、右側に示したCSSが作成されます。

sample224-01.scss
```scss
12  .box {
13    width:  600px;
14    margin: {
15      top: 30px;
16      bottom: 15px;
17    }
18    font: {
19      size: 16px;
20      weight: bold;
21    }
22    border: {
23      left: solid 10px #999999;
24      bottom: solid 2px #999999;
25    }
26  }
```

sample224-01.css
```css
.box {
  width: 600px;
  margin-top: 30px;
  margin-bottom: 15px;
  font-size: 16px;
  font-weight: bold;
  border-left: solid 10px #999999;
  border-bottom: solid 2px #999999;
}
```

　ただし、テキストエディタに補完機能が付いている場合は、普通にプロパティ名を入力した方が快適な場合が多く、かえって面倒になってしまうケースもあります。万人向けの機能とはいえませんが、気になる方は試してみるとよいでしょう。

2.3　変数の活用

変数を使ってサイズや色を指定できることもSassの大きな特長の一つです。2.4〜2.5節で解説する「数式」や「関数」と組み合わせて、より効果的に変数を活用するためにも、変数の基本的な使い方を理解しておいてください。

2.3.1　変数の定義

変数を使用するときは、あらかじめ**変数の定義**を行っておく必要があります。この記述方法は以下のようになります。

　　$変数名：値；

Sassでは変数名の先頭に`$`（ドル）の記号を付ける決まりになっています。続けて、アルファベットなどで変数名を記述します。変数名には、**a〜z**（小文字）と**A〜Z**（大文字）のアルファベット、**数字**、**-**（ハイフン）、**_**（アンダースコア）を使用できます。さらに**全角文字**で日本語の変数名を指定することも可能です。ただし、この場合はSassファイルの冒頭で文字コード（`@charset`）を指定しておくのを忘れないようにしてください。

続けて、半角文字の：（コロン）を記述し、その後に変数の値となる**数値**/**色**/**文字列**/**リスト**を記述します。最後に、；（セミコロン）を記述すると「変数の定義」が完了します。

以降に、具体的な使用例をいくつか紹介しておくので、変数を使って書式を指定するときの参考としてください。

変数名の1文字目に使用できる文字　✖

　変数を定義するときは、変数名の最初の1文字を「アルファベット」または「全角文字」にするのが基本です。「数字」で始まる変数名は使用できません。-（ハイフン）で始まる変数名を使用することは可能ですが、負の数を示すマイナス記号と混同しやすいため避けた方が無難です。同様に_（アンダースコア）で始まる変数名も、後述するコラムで解説する理由から避けた方が無難といえます。

> **ハイフンとアンダースコアについて**
>
> 　Sassでは、変数名の-（ハイフン）と_（アンダースコア）が同じ文字として扱われる仕組みになっています。たとえば、$base-colorと$base_colorは同じ変数とみなされます。このため、$base-colorという名前で定義した変数を$base_colorで参照することも可能です。
>
> ```
> $base-color: red;
>
> h1 {
>   color: $base_color;   ← ハイフンとアンダースコアの違いは無視される
> }
> ```
>
> 　逆に考えると、$base-colorと$base_colorを"別の変数"として扱うことはできないことになります。たとえば、以下のように変数を定義すると、後に記述した$base-color: whiteで変数の値が上書きされてしまうため、h1要素の背景色と文字色はどちらも「白色」に指定されます。
>
> ```
> $base_color: black;
> $base-color: white;   ← 同じ変数とみなされるため、値はwhiteに上書きされる
>
> h1 {
>   background: $base_color;   ┐
>   color: $base-color;        ┘ どちらもwhiteが指定される
> }
> ```
>
> 　-（ハイフン）と_（アンダースコア）だけが異なる変数名を使用する機会は滅多にないと思いますが、念のため注意するようにしてください。

2.3.2　変数を使って数値を指定する場合

　それでは、変数を使った具体的な例を示していきましょう。まずは、変数を使ってサイズなどの**数値**を指定する場合の例を示します。数値型の変数を定義するときは、単純に数値だけを値に指定するか、もしくはpxやemなどの単位を追加して**単位付きの数値**として変数を定義します。

　次ページの例は、変数$habaに200px、変数$aに0.7という数値を定義した場合の例です。これらの変数を使って、幅と不透明度の書式を指定します。

sample232-01.html

```html
12  <h1>道のある風景</h1>
13  <div class="img-box">
14    <img src="pic1.jpg">
15    <img src="pic2.jpg">
16    <img src="pic3.jpg">
17  </div>
```

sample232-01.scss

```scss
12  $haba: 200px;
13  $a: 0.7;
14
15  .img-box {
16    img {
17      display: block;
18      width: $haba;
19      opacity: $a;
20    }
21    img:nth-child(odd) {
22      border-right: solid $haba #000000;
23    }
24    img:nth-child(even) {
25      border-left: solid $haba #000000;
26    }
27  }
```

sample232-01.css

```css
.img-box img {
  display: block;
  width: 200px;
  opacity: 0.7;
}

.img-box img:nth-child(odd) {
  border-right: solid 200px #000000;
}

.img-box img:nth-child(even) {
  border-left: solid 200px #000000;
}
```

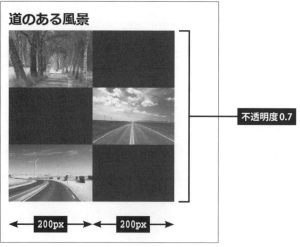

図2.3.2-1　変数を使って幅と透明度を指定

Sassファイルの17行目にある`display: block`は`img`要素をブロックレベル要素として扱うための書式指定です。その直後にある18〜19行目で変数を参照しています。`width`に変数`$haba`を指定することで幅を200pxに、`opacity`に変数`$a`を指定することで不透明度を0.7に指定しています。

　さらに、22行目と25行目でも変数`$haba`が使用されています。これらは画像の左側または右側を黒く塗りつぶす書式指定です。奇数番目の`img`要素には右の枠線、偶数番目の`img`要素には左の枠線を指定しています。いずれも枠線の太さに変数`$haba`が指定されているため、画像の幅と同じサイズの枠線が描画されることになります。その結果、図2.3.2-1のようなレイアウトを実現しています。

　変数の便利な点は、「変数の定義」を変更するだけで複数箇所の記述をまとめて変更できることです。たとえば、先ほどの例で変数`$haba`の値を120px、変数`$a`の値を0.4に変更すると、以下の図のように書式を変更できます。

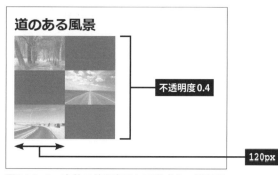

図2.3.2-2　変数の値を変更して書式を一括変更

```scss
12  $haba: 120px;
13  $a: 0.4;
14
15  .img-box {
16    img {
17      display: block;
18      width: $haba;
19      opacity: $a;
20    }
21    img:nth-child(odd) {
22      border-right: solid $haba #000000;
23    }
24    img:nth-child(even) {
25      border-left: solid $haba #000000;
26    }
27  }
```

sample232-02.scss（値を変更）

```css
.img-box img {
  display: block;
  width: 120px;
  opacity: 0.4;
}

.img-box img:nth-child(odd) {
  border-right: solid 120px #000000;
}

.img-box img:nth-child(even) {
  border-left: solid 120px #000000;
}
```

sample232-02.css

「img要素の幅」と「枠線の太さ」が一括変更されているのを確認できると思います。ただし、変数$aを参照する部分は1箇所しかないため、あえて変数を使用する利点は特にありません。こちらは、変数の値に**単位なし数値**を定義した場合の例として参考にしてください。

2.3.3　変数を使って色を指定する場合

変数の値に「色」を指定する場合は、RGBの16進数表記（6桁または3桁）、カラーネーム、rgb()、rgba()、hsl()、hsla()を利用できます。たとえば、以下に示した記述は、いずれも変数$base-colorに「赤色」を定義する記述となります。

```
$base-color: #ff0000;
$base-color: #f00;
$base-color: red;
$base-color: rgb(255, 0, 0);
$base-color: rgba(255, 0, 0 ,1.0);
$base-color: hsl(0, 100% ,50%);
$base-color: hsla(0, 100% ,50% ,1.0);
```

こちらも簡単な例を示しておきましょう。以下は、h1要素とh2要素の配色を変数で指定した場合の例です。

sample233-01.scss
```
12  $base-color: #663300;
13  $h1-font-color: #ffffff;
14
15  h1 {
16    background: $base-color;
17    padding: 6px 10px 3px;
18    margin: 0px 0px 10px;
19    font: bold 28px/1.2 sans-serif;
20    color: $h1-font-color;
21  }
22
23  h2 {
24    padding: 4px 8px 2px;
25    margin: 30px 0px 10px;
26    border-left: solid 8px $base-color;
27    border-bottom: solid 2px $base-color;
28    font: bold 20px/1.1 sans-serif;
29  }
```

sample233-01.css
```
h1 {
  background: #663300;
  padding: 6px 10px 3px;
  margin: 0px 0px 10px;
  font: bold 28px/1.2 sans-serif;
  color: #ffffff;
}

h2 {
  padding: 4px 8px 2px;
  margin: 30px 0px 10px;
  border-left: solid 8px #663300;
  border-bottom: solid 2px #663300;
  font: bold 20px/1.1 sans-serif;
}
```

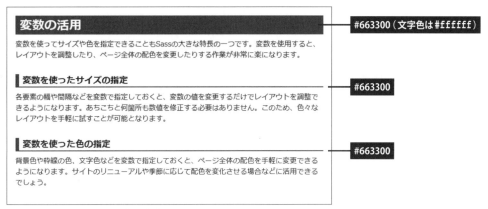

図2.3.3-1 変数を使って色を指定

　基本的な考え方は「数値型の変数」と同じなので、特に詳しく解説しなくても仕組みを理解できると思います。$base-colorは「h1要素の背景色」と「h2要素の枠線の色」の指定する変数です。一方、$h1-font-colorは「h1要素の文字色」を指定する変数となります。

　このように各要素の色を変数で指定しておくと、ページ全体の配色を手軽に変更できるようになります。たとえば、$base-colorの値を#ff99cc、$h1-font-colorの値を#000000に変更すると、ページ全体の配色を以下の図のように変更できます。

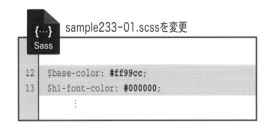

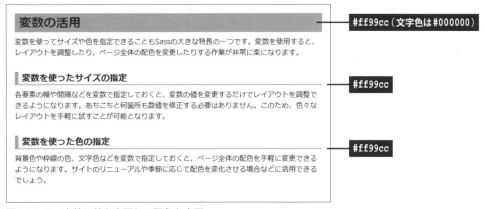

図2.3.3-2 変数の値を変更して配色を変更

$h1-font-colorを参照する部分は1箇所しかありませんが、$base-colorとセットで変更する場合が多いため、変数として抜き出しておいた方が後の作業が楽になると思います。

なお、変数の値を変更したサンプルは、ダウンロード用のファイルを用意していません。各自で実際にsample233-01.scssを変更しながら、動作の様子を確認してください。

2.3.4　変数を使って文字列を指定する場合

変数の値に**文字列**を指定する場合は、その前後を**引用符**（"または'）で囲んでも構いませんし、囲まなくても構いません。これは状況に応じて使い分けます。引用符で囲んだ場合は、コンパイル後のCSSにも「引用符で囲んだ状態」で文字列が出力されます。引用符で囲まなかった場合は、文字列だけがCSSファイルに出力されます。

以下の例では、変数$aが引用符なし、変数$bが引用符ありの定義方法となります。どちらの変数もその値は「hello」という文字列になります。3番目の例にある変数$icon-urlの場合、値に：（コロン）が含まれており、さらに値の末尾に割り算を示す/（スラッシュ）があるため、引用符なしで記述するとエラーになってしまいます。

```
$a: hello;
$b: "hello";
$icon-url: "http://abcdefg.co.jp/image/new-icon/";
```

それでは、変数に文字列を定義した場合の例を紹介しておきましょう。今回は**$書体**という全角文字の変数名を使用し、その値に「serif」の文字列を定義しています。これをfontの値に指定することで、フォントに明朝体を指定しています。

sample234-01.scss

```
12  $書体: serif;
13
14  h1 {
15    background: #663300;
16    padding: 6px 10px 3px;
17    margin: 0px 0px 10px;
18    font: bold 28px/1.2 $書体;
19    color: #ffffff;
20  }
21
```

sample234-01.css

```
h1 {
  background: #663300;
  padding: 6px 10px 3px;
  margin: 0px 0px 10px;
  font: bold 28px/1.2 serif;
  color: #ffffff;
}
```

```
22  h2 {
23    padding: 4px 8px 2px;
24    margin: 30px 0px 10px;
25    border-left: solid 8px #663300;
26    border-bottom: solid 2px #663300;
27    font: bold 20px/1.1 $書体;
28  }
29
30  p {
31    font: normal 16px/1.5 $書体;
32  }
```

```
h2 {
  padding: 4px 8px 2px;
  margin: 30px 0px 10px;
  border-left: solid 8px #663300;
  border-bottom: solid 2px #663300;
  font: bold 20px/1.1 serif;
}

p {
  font: normal 16px/1.5 serif;
}
```

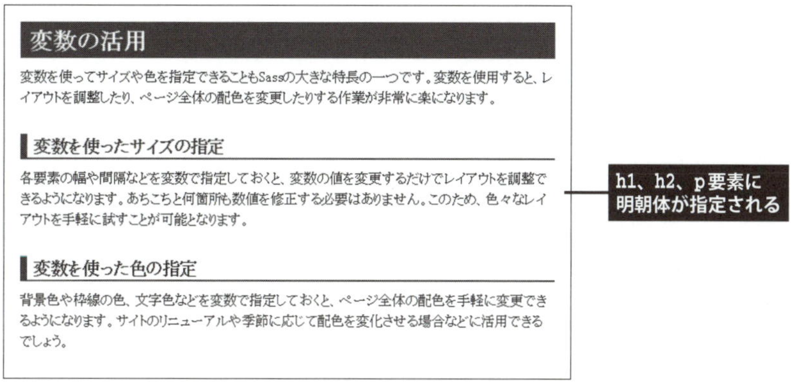

変数の活用

変数を使ってサイズや色を指定できることもSassの大きな特長の一つです。変数を使用すると、レイアウトを調整したり、ページ全体の配色を変更したりする作業が非常に楽になります。

変数を使ったサイズの指定

各要素の幅や間隔などを変数で指定しておくと、変数の値を変更するだけでレイアウトを調整できるようになります。あちこち何箇所も数値を修正する必要はありません。このため、色々なレイアウトを手軽に試すことが可能となります。

変数を使った色の指定

背景色や枠線の色、文字色などを変数で指定しておくと、ページ全体の配色を手軽に変更できるようになります。サイトのリニューアルや季節に応じて配色を変化させる場合などに活用できるでしょう。

h1、h2、p要素に明朝体が指定される

図2.3.4-1　変数を使ってフォントを指定

　もちろん、**$書体**の値を sans-serif に変更して、全ての文字をゴシック体に変更することも可能です。ただし、このような使い方は、正直な話、あまり実用的とはいえません。

　文字列型の変数が便利に活用できるのは、URLを指定する場合などです。この場合は、：（コロン）や/（スラッシュ）が含まれる文字列となるので、引用符で囲んで値を記述しなければいけません。

　次ページに、クラスを使って「国旗のアイコン」を表示する場合の例を示しておきます。アイコン画像が収録されているフォルダ（パス）の指定に変数$fを使用しています。パスが長くて覚えるのが面倒な場合、もしくはフォルダ構成を変更する可能性がある場合などに変数を活用できると思います。

　なお、次ページの例では相対パスでフォルダの位置を指定していますが、http:で始まる絶対パスを使用することも可能です。今回はダウンロードしたサンプルファイルでも正しく動作するように相対パスを使用しています。

sample234-02.html

```html
<h1>総合順位</h1>
<ol id="ranking">
  <li class="AU">Jacob Brown</li>
  <li class="CA">Matthew Clark</li>
  <li class="GB">Christopher Davis</li>
  <li class="AU">William Hall</li>
  <li class="US">David Taylor</li>
</ol>
```

sample234-02.scss

```scss
$f: "img/icon/flags/";

#ranking {
  margin: 10px 50px;
  li {
    background-repeat: no-repeat;
    padding-left: 44px;
    font-size: 20px;
    line-height: 32px;
  }
  li.AU { background-image: url(#{$f}AU.png); }
  li.CA { background-image: url(#{$f}CA.png); }
  li.GB { background-image: url(#{$f}GB.png); }
  li.US { background-image: url(#{$f}US.png); }
}
```

sample234-02.css

```css
#ranking {
  margin: 10px 50px;
}

#ranking li {
  background-repeat: no-repeat;
  padding-left: 44px;
  font-size: 20px;
  line-height: 32px;
}
```

```
21  #ranking li.AU {
22      background-image: url(img/icon/flags/AU.png);
23  }
24
25  #ranking li.CA {
26      background-image: url(img/icon/flags/CA.png);
27  }
28
29  #ranking li.GB {
30      background-image: url(img/icon/flags/GB.png);
31  }
32
33  #ranking li.US {
34      background-image: url(img/icon/flags/US.png);
35  }
```

総合順位
1. 🇦🇺 Jacob Brown
2. 🇨🇦 Matthew Clark
3. 🇬🇧 Christopher Davis
4. 🇦🇺 William Hall
5. 🇺🇸 David Taylor

図2.3.4-2　変数を使ってパスを指定

　ここで注意すべき点は、変数を`#{……}`で囲んで記述していることです。これは**インターポレーション**と呼ばれるもので、以下の場合に必要となる記述方法です。

- 変数の前後に続けて文字を記述する場合
- 定義された値から引用符(`"`または`'`)を削除して出力する場合

　たとえば、22行目をインターポレーションなしで記述すると、`background-image`の値は`url($fAU.png)`となり、『どこまでが変数を示しているか？』を識別できなくなってしまいます。仮に変数名を識別できたとしても、引用符が一緒に出力されてしまうため、`background-image`の値は`"img/icon/flags/"AU.png`となってしまいます。これでは画像の位置を正しく示すことができません。このような不具合を回避するには、変数名を`#{……}`で囲んで記述する必要があります。

　そのほか、変数を演算しないようにする場合など、様々な場面でインターポレーションの記述が必要になります。これについては、そのつど詳しく解説していきます。

2.3.5 リスト型の変数を使って書式を指定する場合

`margin`や`padding`、`border`、`font-family`のように、CSSには複数の値を列記できるプロパティがあります。これらの書式指定を行う際に活用できるのがリスト型の変数です。リスト型の変数を定義するときは、各値を**半角スペース**または**カンマ**で区切って列記します。

たとえば、上下5px、左右10pxの余白を変数で指定する場合は、以下のようにSassを記述します。すると、右側に示したCSSが出力されます。

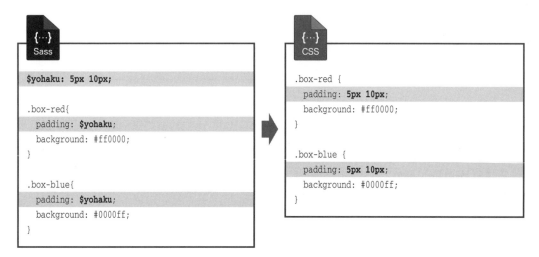

各要素の余白を一括変更する場合などに活用できるでしょう。そのほか、フォントを指定する場合にもリスト型の変数が活用できます。この場合は各値をカンマで区切り、さらに半角スペースを含むフォント名を引用符で囲んで記述します。

以下は、フォントの指定用に**$ゴシック**と**$明朝**の2つの変数を用意した場合の例です。

sample235-01.scss

```scss
$ゴシック: "Hiragino Kaku Gothic ProN", Meiryo, sans-serif;
$明朝: "Hiragino Mincho ProN", "MS PMincho", serif;

h1 {
  background: #663300;
  padding: 6px 10px 3px;
  margin: 0px 0px 10px;
  font: bold 28px/1.2 $ゴシック;
  color: #ffffff;
}
```

```
23    h2 {
24      padding: 4px 8px 2px;
25      margin: 30px 0px 10px;
26      border-left: solid 8px #663300;
27      border-bottom: solid 2px #663300;
28      font: bold 20px/1.1 $ゴシック;
29    }
30
31    p {
32      font: normal 16px/1.5 $明朝;
33    }
```

sample235-01.css

```
10    h1 {
11      background: #663300;
12      padding: 6px 10px 3px;
13      margin: 0px 0px 10px;
14      font: bold 28px/1.2 "Hiragino Kaku Gothic ProN", Meiryo, sans-serif;
15      color: #ffffff;
16    }
17
18    h2 {
19      padding: 4px 8px 2px;
20      margin: 30px 0px 10px;
21      border-left: solid 8px #663300;
22      border-bottom: solid 2px #663300;
23      font: bold 20px/1.1 "Hiragino Kaku Gothic ProN", Meiryo, sans-serif;
24    }
25
26    p {
27      font: normal 16px/1.5 "Hiragino Mincho ProN", "MS PMincho", serif;
28    }
```

変数の活用

変数を使ってサイズや色を指定できることもSassの大きな特長の一つです。変数を使用すると、レイアウトを調整したり、ページ全体の配色を変更したりする作業が非常に楽になります。

変数を使ったサイズの指定

各要素の幅や間隔などを変数で指定しておくと、変数の値を変更するだけでレイアウトを調整できるようになります。あちこちと何箇所も数値を修正する必要はありません。このため、色々なレイアウトを手軽に試すことが可能となります。

変数を使った色の指定

背景色や枠線の色、文字色などを変数で指定しておくと、ページ全体の配色を手軽に変更でき

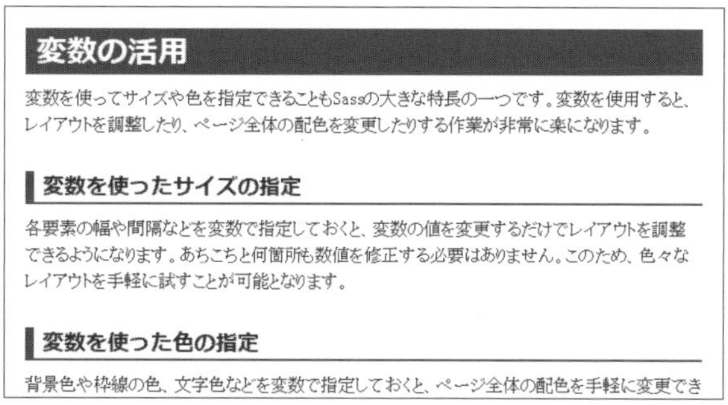

図2.3.5-1　変数を使ってフォントファミリーを指定

フォントを細かく指定するときは、各OS用にフォント名を何個も列記しなければいけません。これは意外と面倒な作業になります。先ほどの例では、Mac OS用のフォント名、Windows用のフォント名、フォントの種類の3つを指定していますが、より細かくフォントを指定する場合も少なくないでしょう。このような場合にリスト型の変数を使ってfont-familyの値を何セットか用意しておくと、フォントの変更を手軽に行えるようになります。

2.3.6　有効範囲を限定した変数

これまでの例では{……}の外側で変数を定義しましたが、{……}の中に変数の定義を記述することも可能です。この場合は、同じ{……}の中でのみ変数を参照できるようになります。

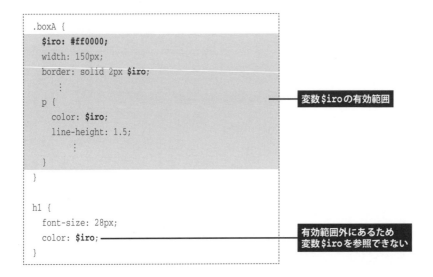

このように、ある特定の{……}の中でのみ有効となる変数のことを**ローカル変数**と呼びます。一方、これまでに紹介してきた例のように、{……}の外で定義した、どこからも参照できる変数のことを**グローバル変数**と呼びます。同じ名前の変数を、一時的に違う用途に使う場合などにローカル変数を活用するとよいでしょう。

ただし、上記の例のように有効範囲外から変数を参照しようとすると、コンパイル時にエラーが発生してしまいます。注意するようにしてください。

2.3 変数の活用

変数を参照できないことを示すエラー

コンパイラに「Prepros」を使用している場合は、参照する変数が見つからなかったときに以下の図のようなエラーが表示されます。

ただし、この表示は数秒で消えてしまうため、エラーの内容を確認できない場合があります。このような場合は「Prepros」の画面右上にある［Log］アイコンをクリックすると、エラー内容をじっくりと確認できます。

エラーの原因となっている場所の情報

ログに表示されたエラー内容をよく見ると、「on line YY：XX」と記載されている部分を見つけられると思います。この記述は、SassファイルのYY行目、XX文字目でエラーが発生したことを示しています。上図の場合、20行目の15文字目に誤った記述があると考えられます。この情報を頼りにSassファイルを修正していくと、エラーの修復を素早く行えるようになります。ぜひ覚えておいてください。

グローバル変数とローカル変数を使用した簡単な例を次ページに示しておくので、動作の様子を把握するときの参考としてください。

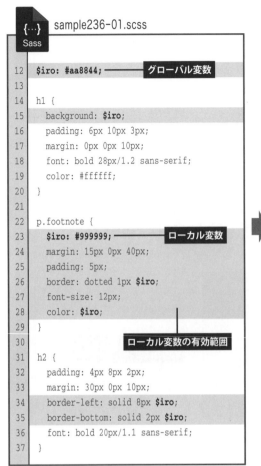
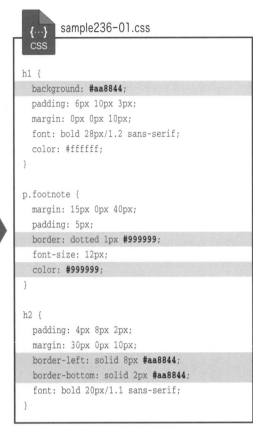

　この例では、$iroという名前の変数が2箇所で定義されています。Sassファイルの12行目にある$iroの定義は、{……}の外に記述されているためグローバル変数となります。一方、23行目にある$iroの定義は、p.footnote {……}の中にあるため、p.footnote {……}の中でのみ有効なローカル変数となります。

　h1要素の15行目ならびにh2要素の34〜35行目は、ローカル変数が特に定義されていないため、グローバル変数の$iroが参照されます。よって、各書式には#aa8844が指定されます。一方、26行目と28行目にある$iroは、同じ{……}の中にローカル変数の$iroが定義されているため、ローカル変数の値が参照されます。よって、各書式には#999999が指定されます。

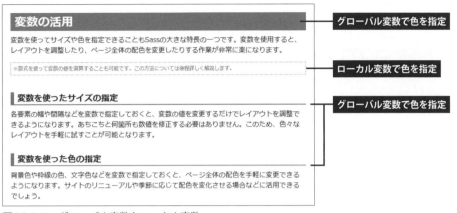

図2.3.6-1　グローバル変数とローカル変数

　このように、同じ名前の「グローバル変数」と「ローカル変数」が両方とも存在する場合は、「ローカル変数」の値が優先される仕組みになっています。ローカル変数を使用するときは、こういった優先順位のルールを十分に理解しておくようにしてください。

!globalの記述について

　{……}の中でローカル変数を定義する際に、最後に!globalを記述すると、その変数をグローバル変数として扱えるようになります。

```
p.footnote {
  $iro: #999999 !global;
      ⋮
}
```
グローバル変数として扱う場合

　ただし、同じ名前のグローバル変数（上記の例では$iro）がすでに存在していた場合は、新しい定義文により変数の値が上書きされることに注意しなければいけません。上記の例の場合、$iro: #999999 !global;の記述以降、$iroの値は#999999に変更されます。

2.4 数式の活用

書式指定を行う際に数式を記述して、足し算／引き算／掛け算／割り算といった計算を行うことも可能です。この機能を上手に活用すると、効率よくスタイルシートを記述できるようになります。続いては、数式の使用方法を解説します。

2.4.1 数式の記述と演算記号

Sassでは、各プロパティの値を**数式**で指定することが可能となっています。数式を記述するときは、以下に示した**演算記号**を使って計算方法を指定します。

- **+** ……………… 足し算
- **-** ……………… 引き算
- ***** ……………… 掛け算
- **/** ……………… 割り算

このとき、数値の後にpxやemなど単位を付けて**単位付きの数値**を計算することも可能です。Sassの計算方法は一般的な数学と同じで、「掛け算」「割り算」が「足し算」「引き算」より先に計算される仕組みになっています。必要に応じて**( )**を記述し、計算の優先順位を指定するようにしてください。以下に簡単な例を紹介しておくので、まずはこちらを参考に数式の基本的な仕組みを把握してください。

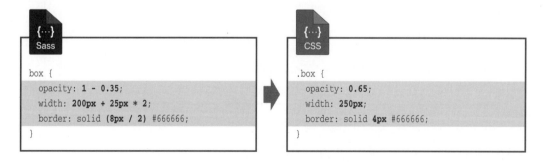

1番目の例は単純な数値の計算です。1 - 0.35の計算結果である0.65がopacityの値として指定されます。

2番目の例は単位付き数値の計算です。こちらは「足し算」と「掛け算」が混在した数式となります。この場合、25px * 2が先に計算され、そこに200pxが加算されるので、計算結果は250pxになります。「足し算」を先に計算したい場合は、(200px + 25px) * 2のように( )の記述が必要となることを忘れないようにしてください。

3番目の例は、borderの一部を数式で指定した例です。数式の範囲を明示するために( )を記述していますが、この( )がなくても正しく機能する場合もあります。ただし、今回の例では数値同士の「割り算」を行っているため( )の記述が必須となります。この理由については、後ほど詳しく解説します。

数式内に**変数**を記述して計算を行うことも可能です。こちらの方がより実践的な使い方といえるでしょう。簡単な例を示しておきましょう。

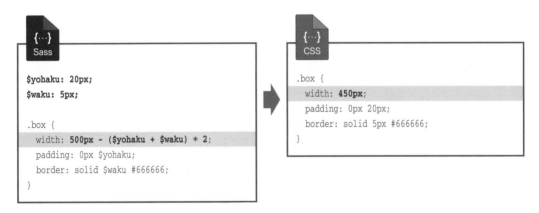

この例では、$yohakuと$wakuの2つの変数を用意しています。$yohakuは内余白の幅を指定する変数、$wakuは枠線の太さを指定する変数です。これらの変数を使って、.box全体の幅が常に500pxになるようにwidthの値を調整しています。

変数を上記のように定義した場合、左右の内余白は20px、枠線の太さは5pxが指定されます。よって、これらの合計 ($yohaku + $waku) を2倍したものを500pxから引くと、widthに適切な値を指定できます。

この記述方法は、全体の幅を一定に保ちながらサイズを微調整する場合などに活用できます。上記の例の場合、$yohakuと$wakuの値をどのように変化させても、.box全体の幅を常に500pxに保つようにwidthの値が自動調整されます。

このように変数を使って数式を記述すると、単なる『電卓の代わり』でなく、『意図をもった機能』として数式を活用できるようになります。非常に便利な機能となるので、ぜひ使い方を覚えておいてください。

なお、Sassならではのルールとして、数式を記述する際に注意すべき点がいくつかあります。以降に要点をまとめておくので、必ず目を通しておくようにしてください。

■ 単位付き数値を演算するときの注意点

単位付きの数値を使って計算するときは、それぞれの単位の意味をよく考えて数式を記述しなければいけません。『とにかく単位を付けておけばよい』という発想で数式を記述すると、エラーになる場合があります。

たとえば、以下のように記述した数式はいずれもエラーとなり、CSSに変換することができません。

エラーになる数式の例
```
200px * 3px
200 / 5px
100% - 10px
```

1番目の例はpxとpxの掛け算になるため、その計算結果は600px*pxとなります。CSSではpx*pxという単位の使用は認められていないため、この数式はエラーとなります。2番目の例も同様です。この計算結果は40/pxとなり、1/pxという使用不可の単位が生じてしまいます。よって、エラーとして処理されます。

このように、Sassでは単位も計算の対象となることを頭に入れておかなければいけません。100 + 5px = 105pxのように例外的に単位を自動補完してくれる場合もありますが、基本的には「理屈に合わない単位の計算」はエラーになると考えなければいけません。これは変数を使って数式を記述する場合も同様です。たとえば、変数$aに5pxという単位付き数値を定義した場合、200 / $aの計算結果は40/pxとなりエラーが発生します。数式の見た目にpxの単位はありませんが、$aにpxの単位が含まれていることを忘れないようにしてください。

3番目の例はスケールの異なる単位で計算を行った場合の例です。CSSの100%は「親要素の幅」を示すため、『そこから10pxを引いた値を指定したい』という意図は十分に理解できます。しかし、親要素の幅は状況に応じて変化するため、この計算結果を求めることはできません。よって、エラーとなります。

ただし、pxとmmのように換算できる単位であれば、単位が異なっていても計算を実行することが可能です。たとえば、100px + 10mmと数式を記述した場合、137.79528pxという計算結果が出力されます。同様に、10mm + 100pxの計算結果は36.45833mmになります。このように換算可能な単位が混在している場合は、「最初に記述した数値の単位」で計算結果が出力される仕組みになっています。

■ 割り算の注意点

続いては、割り算を記述するときの注意点について補足しておきます。たとえば、600pxを5分割した幅を指定したいと考え、width: 600px / 5;とSassを記述したとしましょう。この場合はwidth: 600px / 5;というCSSが出力されるため、widthの指定が無効になってしまいます。数式の記述に間違いはありませんが、正しく計算が行われません。

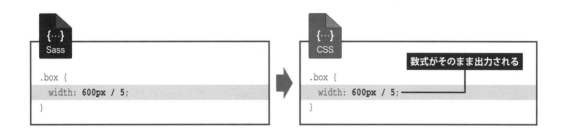

このような結果になる理由は、fontプロパティの（文字サイズ）/（行間）のように、値に/（スラッシュ）の記述を認めているプロパティが存在しているためです。つまり、/が「割り算」を示しているのか、それとも「値の区切り」を示しているのか判断できないことが原因です。この違いを明示するために、「割り算」を記述するときは、その前後を( )で囲む決まりになっています。先ほどの例の場合、以下のようにSassを記述すると、正しく計算を実行できるようになります。

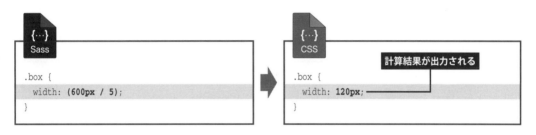

ただし、( )で囲まなくても正しく「割り算」が計算される場合もあります。それは**変数**を使って数式を記述している場合です。以下の例の場合、( )がなくても正しく計算が行われます。

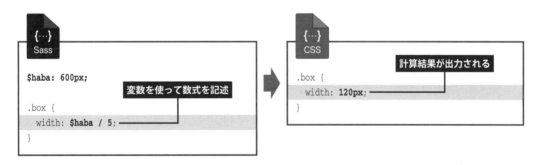

なお、( )の必要／不要を判断できない場合は、「割り算」は( )で囲むのが基本、と覚えておくとよいでしょう。変数を使用している場合に、width: ($haba / 5);と記述しても正しく計算は実行されるため、特に問題は生じません。

逆に、「割り算」を実行されては困るという場合もあるでしょう。たとえば、以下のように font プロパティを記述すると、/ の前後に変数が含まれるため「割り算」が実行されてしまいます。

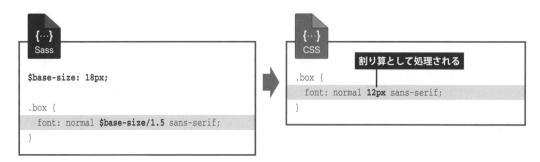

このような場合は、**インターポレーション**を使って変数を **#{……}** で囲むと、計算が実行されなくなります。インターポレーションの用途の一つとして覚えておいてください。

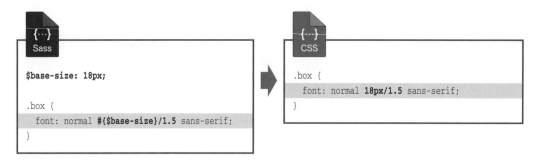

■ 引き算と半角スペースの記述について

「引き算」を表す **-**（マイナス）の記号を記述する際も、少しだけ注意が必要となります。数式を記述する際に、演算記号の前後に**半角スペース**を挿入する方もいますし、挿入しない方もいます。これは各自の好みなので、どちらの記述方法を採用しても構いません。ただし「引き算」は、半角スペースの有無により結果が異なる場合があります。

```
$haba: 200px;

.box {
  width: $haba - 20px * 2;
  padding: 5px-1px;
  margin: (30px-2px);
}
```

```
.box {
  width: 160px;
  padding: 5px-1px;
  margin: 28px;
}
```

widthプロパティは、演算記号の前後に半角スペースを挿入した場合の例です。正しい計算結果が出力されています。paddingプロパティは、半角スペースなしで「引き算」の数式を記述した場合の例です。この場合は、5px-1pxという記述がそのまま出力されてしまうため、意図した結果を得られません。marginプロパティは、数式を( )で囲んだ場合の例です。この場合は、半角スペースなしでも正しい計算結果が出力されます。

もう少し例を紹介しておきましょう。

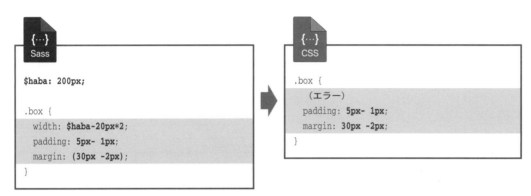

　widthプロパティは、変数に続けて「半角スペースなし」でマイナス記号を記述した場合の例です。この場合は$haba-20pxという名前の変数として認識されるためエラーが発生します。よって、CSSファイルは出力されません。
　paddingプロパティは、マイナス記号の後だけ半角スペースを挿入した場合の例です。この場合も5px- 1pxという記述がそのまま出力されてしまうため、意図した結果を得られません。
　marginプロパティは、数式を( )で囲み、マイナス記号の前だけ半角スペースを挿入した場合の例です。この場合は、30pxと-2pxのリストとして処理されるため、( )で囲んでいても計算は実行されません。

　このように「引き算」は半角スペースの有無が出力結果に大きな影響を与えます。そのほか、単位の有無によっても出力結果が変化します。総合的に考えると、「マイナス記号の前後に半角スペースを挿入する方法」が最も無難な記述方法といえるでしょう。

CSSのcalc()

　CSSにも、プロパティの値を数式で指定できるcalc()という関数が用意されています。この関数を使うと、100% - 10pxのようにスケールが異なる計算を実行することも可能となります。ただし、CSS3から登場した比較的新しい機能となるため、古いブラウザ（IE8やAndroid Browser4.3など）はcalc()をサポートしていません。

　Sassでもスケールの異なる計算を実行できればよいのですが、CSSとSassでは大きく状況が異なるため、実現するのは難しいと思われます。ブラウザにより処理されるCSSは親要素の幅（100%）を取得できるため、そこから10pxを引く計算も容易に行えます。一方、CSSファイルを出力するSassは、親要素が何になるかを特定できないため100%の値を取得することができません。よって、計算不能のエラーが生じてしまいます。

2.4.2　数式を使った書式指定

　それでは、数式を使った書式指定の具体的な例を紹介していきましょう。ここでは、3つのdiv要素を左右に3等分して配置する場合の例を示します。領域全体の幅は600pxとし（枠線の幅は除く）、各div要素の間には15pxの間隔を設けています。

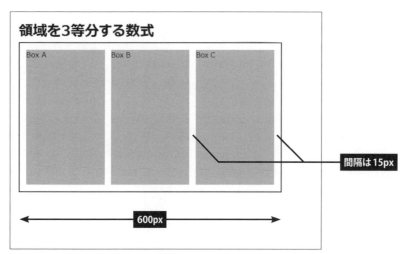

図2.4.2-1　3等分の幅を数式で計算

　この部分のHTMLは次ページのように記述されています。クラス名が"divide3"のdiv要素で全体を囲み、この中にクラス名"box"のdiv要素を3つ配置しています。

```
sample242-01.html
12  <h1>領域を3等分する数式</h1>
13  <div class="divide3">
14    <div class="box">Box A</div>
15    <div class="box">Box B</div>
16    <div class="box">Box C</div>
17  </div>
```

このサンプルのSassファイル、ならびにコンパイル後のCSSファイルは以下のとおりです。

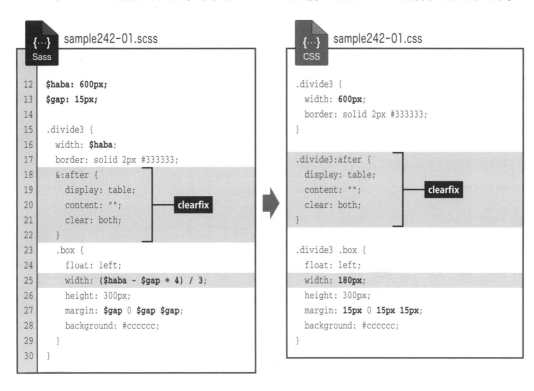

簡単に解説していきましょう。Sassファイルの12～13行目は変数の定義です。$habaは全体の幅を指定する変数で、600pxという値が定義されています。$gapは間隔を指定する変数で、こちらは15pxという値が指定されています。これらの変数を使って各要素の幅や余白を指定していきます。

16～17行目は、全体を囲むdiv要素（.divide3）の書式指定です。幅を変数$habaで指定し、範囲が分かりやすいように枠線を描画しています。

18～22行目は、floatを解除し、div要素の高さを確定させるためのclearfixです。ここでは、最も記述が少ない最小版のclearfixを使用しています（詳細はP101のコラムを参照）。

23～29行目は、3等分して配置されるdiv要素（.box）の書式指定です。float: leftで

左寄せの回り込みを指定し、3つのdiv要素を左右に並べています。各div要素の幅は25行目に記述した数式で計算します。3分割する場合は、左端と右端を含めて4つの間隔（$gap）が設けられることになります。この合計を全体幅（$haba）から引き、3で割ると、各div要素の幅を指定できます。今回の例の場合、

    (600px - 15px * 4) / 3 = 180px

という計算が行われることになります。

　各div要素の間隔は27行目のmarginで指定しています。上、下、左の外余白を変数$gap、右の外余白を0に指定することで、3つのdiv要素を等間隔に並べています。ちなみに、26行目と28行目の記述は、div要素に適当な「高さ」と「背景色」を指定し、結果を見やすくするための書式指定となります。

　このように数式を使って書式を指定すると、全体の幅（$haba）や間隔（$gap）の調整を容易に行えるようになります。たとえば、$habaの値を700px、$gapの値を20pxに変更すると、以下の図のようにレイアウトを変更できます。

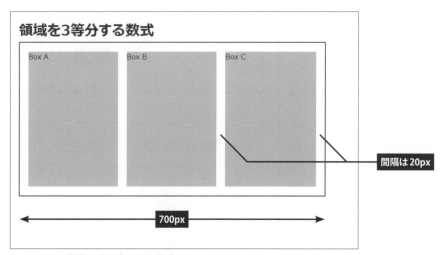

図2.4.2-2　変数の値を変更した場合

　この場合、3等分されるdiv要素の幅は、(700px - 20px * 4) / 3 = 206.66667pxという値が出力され、小数点以下を含む数値になります。「幅206.66667pxの3倍」と「間隔20pxの4倍」を合計すると700.00001pxになり、10万分の1pxだけ全体幅を超えてしまいますが、最近のブラウザは適当に数値を丸めてくれるので、たいていの場合、カラム落ちなどのトラブルは生じません。よって、計算結果が整数にならない場合でも、数式を使ってレイアウトを指定することが可能です[※1]。

（※1）より詳細な検証については、次ページのコラムを参照してください。

もちろん、このほかにも様々な用途に数式を活用できると思います。変数と数式を使いこなすことで柔軟なスタイルシートを設計できるので、各自でも色々と研究してみてください。

小数点以下の処理について

　今回の例では、「右端の間隔」はmarginで指定したものではなく、自然に生じた間隔となります。このため、厳密には「幅206.66667px＋外余白20px」の3倍である680.00001pxで検証しなければいけません。680.00001pxという値は700pxより十分に小さく、また「右端の間隔」が若干の誤差を吸収してくれるので、カラム落ちが生じないのは当然の結果と考えられます。

　では、仮に「Box C」の右側に「幅20pxの要素」を追加した場合はどうなるでしょう？この場合、幅の合計は680.00001pxに20pxが加算されるため、700pxを微妙に超えてしまいます。しかし、カラム落ちは発生しません。このような結果になるのは、ブラウザが数値を適当に丸めてくれているためです。検証用にsample242-01test.htmlというファイルを用意しておくので、気になる方は閲覧してみるとよいでしょう。

　なお、古いブラウザは小数点以下を切り捨てたり、四捨五入したりする場合があるため、ごく稀にトラブルが生じる恐れがあります。古いブラウザもサポート対象とする場合は、念のため表示結果をよく確認するようにしてください。

---

clearfixについて

　floatを使って要素を配置した場合は、回り込みを解除するclearプロパティを次の要素に指定しておく必要があります。ただし、今回の例では「Box A」〜「Box C」の3つのdiv要素しかなく、次に登場する要素がありません。このままでは回り込みが解除されず、親要素となるdiv要素（.divide3）の高さが確定されません。このような場合はclearfixという手法を使うと、「回り込みの解除」と「高さの確定」を行えるようになります。

　今回のサンプルで使用しているclearfixは、記述を最も省略したclearfixとなります。clearfixの記述方法は、サポートするブラウザのバージョンにより様々なパターンがありますが、一般的には以下のようにclearfixを記述するケースが多いようです（xxxの部分にはID名やクラス名などを記述します）。

```
xxx:before,xxx:after {
  content: " ";
  display: table;
}
xxx:after {
  clear: both;
}
```

　もっと詳しく知りたい方は、「clearfix」のキーワードで検索してみるとよいでしょう。clearfixについて詳しく解説しているページを見つけられると思います。

2.4.3　色の計算

　Sassは色の計算にも対応しています。この場合は、R（赤）、G（緑）、B（青）の3原色で個別に計算が行われます。具体的な例で見ていきましょう。以下は、#666666の色を定義した変数$iroに「足し算」と「引き算」を行った場合の例です。

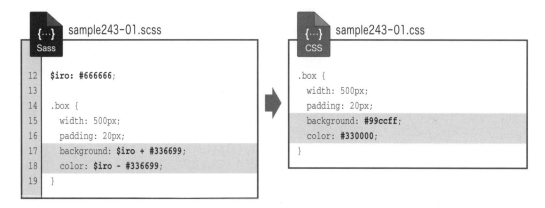

　17行目ではbackgroundの値を「色の足し算」で指定しています。R（赤）、G（緑）、B（青）が個別に計算されるため、Rは66 + 33 = 99、Gは66 + 66 = cc、Bは66 + 99 = ff という計算になり（いずれも16進数表記）、結果として#99ccffが出力されます。

　18行目の「色の引き算」も考え方は同じですが、こちらはB（青）が66 - 99となり00を下回ってしまいます。この場合は00が出力される仕組みになっています。同様に、計算結果がffを上回った場合はffが出力される仕組みになっています。

図2.4.3-1　色を数式で指定

　カラーネームやrgb()で色が記述されている場合も計算を行うことが可能です。色の表記方法が混在していても構いません。ただし、計算結果はRGBの16進数表記になるのが基本で、カラーネームが存在する場合のみカラーネームで出力されます。次ページにいくつか例を紹介しておくので参考にしてください。

■表記方法が混在する色の計算

数式	計算結果
rgb(100, 100, 100) + rgb(50, 100, 50)	#96c896
rgb(100, 100, 100) + #006699	#64cafd
red + #00ff00	yellow
red + blue	magenta

ただし、不透明度を含むrgba()の計算を行う場合は、**不透明度に同じ値を指定**しておく必要があります。不透明度が異なる場合はエラーが生じることに注意してください。

■`rgba()`の計算

数式	計算結果
rgba(100, 100, 0, 0.5) + rgba(50, 50, 50, 0.5)	rgba(150, 150, 50, 0.5)
rgba(100, 100, 0, 0.5) + rgba(50, 50, 50, 0.2)	エラー
rgba(100, 100, 0, 0.5) + #336699	エラー

色の「掛け算」や「割り算」を行うことも不可能ではありません。「割り算」により小数点以下の値が生じた場合は、四捨五入した結果が出力されるようです（2番目の例を参照）。rgba()の表記方法も計算できますが、不透明度は計算の対象外となるため変化しません。

■色の掛け算／割り算

数式	計算結果
#505050 * 2	#a0a0a0
(#090807 / 3)	#030302
(orange / 1.2)	#d58a00
rgba(100, 100, 50, 0.2) * 2	rgba(200, 200, 100, 0.2)
rgba(100, 100, 50, 0.2) * 3	rgba(255, 255, 150, 0.2)
(red + blue) / 2	purple

「掛け算」で色を薄くしたり、「割り算」で色を濃くしたりする場合などに活用できそうですが、2.5節で紹介する関数を使った方が直観的に色を操作できるため、あまり使用頻度は高くありません。

2.4.4 文字列の計算

最後に、文字列の計算について紹介しておきます。文字列の場合は、+の記号を使った「足し算」のみ実行できます。あまり実用的ではありませんが、簡単な例を示しておきましょう。

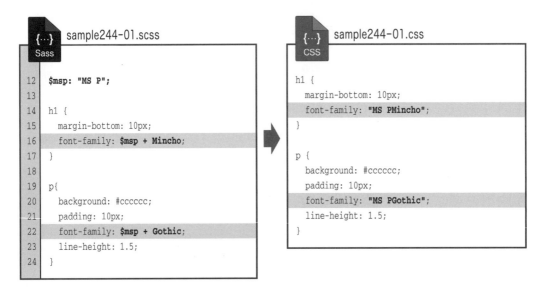

この例では、変数$mspに"MS P"という文字列を定義し、この変数に文字を「足し算」することでfont-familyを指定しています。16行目の記述は、変数$mspにMinchoの文字を追加しているため、"MS PMincho"がCSSファイルに出力されます。22行目の処理も同様です。

図2.4.4-1 フォント名を数式で指定

ただし、どう考えても実用的なサンプルとは思えません。次ページの例のように、各変数にフォント名を指定し、フォント名を自由に追加できるようにすれば少しは実用的になりますが、この場合は数式を使用していることになりません。font-familyはカンマ区切りで値を指定するため、リストとして値を出力するのが基本です。

```
sample244-02.scss
```

```scss
12  $hgG: "Hiragino Kaku Gothic ProN";
13  $hgM: "Hiragino Mincho ProN";
14  $msG: "MS PGothic";
15  $msM: "MS PMincho";
16
17  h1 {
18    margin-bottom: 10px;
19    font-family: $hgM, $msM, serif;
20  }
        ⋮
```

```
sample244-02.css
```

```css
10  h1 {
11    margin-bottom: 10px;
12    font-family: "Hiragino Mincho ProN", "MS PMincho", serif;
13  }
        ⋮
```

一般的な書式指定において「文字列の足し算」を使用する機会はほとんどありません。それよりも「文字列の足し算」のルールを覚えておくことが大切です。

文字列は前後を**引用符**（"または'）で囲む場合と囲まない場合の2種類があります。このように引用符の有無が異なる文字列を「足し算」した場合、+記号の左項に準じて引用符の有無が決定されます。

```
"abc" + xyz  ……………  "abcxyz"
abc + "xyz"  ……………  abcxyz
```

このルールは、**文字列型の変数**を「足し算」する場合も同様です。たとえば、変数$aに"abc"を定義した場合、数式の記述方法に応じて以下のように結果が変化します。

```
$a + xyz  ………………  "abcxyz"
xyz + $a  ………………  xyzabc
```

引用符が不要な場合は、**インターポレーション**を使って変数を**#{……}**で囲みます。この場合は、#{……}の前後に続けて文字を記述するだけで「文字列の足し算」が行えます。本書のP84〜85でも使用しているテクニックなので、もういちど確認しておくとよいでしょう。

```
#{$a}xyz ……………… abcxyz
xyz#{$a} ……………… xyzabc
```

書式指定においては、URLの指定くらいしか「文字列の足し算」を使用する機会はありません。しかし、Sassで繰り返し処理を行う場合などに、今回紹介したルールが役に立つ場合があります。より高度な処理を行う場合に備えて、「文字列の足し算」の使い方も覚えておいてください。

2.5 関数の活用

Sassには、色や数値、文字列などに様々な処理を施すことができる関数が用意されています。書式指定においては色を操作する関数が便利に活用できるでしょう。そのほか、Sassを使ってプログラミングを行う際にも関数は欠かせない存在となります。

2.5.1 関数とは？

Sassには、様々な処理を手軽に行える**関数**が用意されています。たとえば、指定した色を10%明るくする、2つの色の中間色を作成する、小数点以下を四捨五入する、大文字を小文字に変換する、リストの中から3番目にある値だけを取り出す、などの処理を手軽に実行できる機能が関数となります。もちろん、このほかにも関数で実行できる処理は数多く用意されています。

プログラミング系言語の経験がある方なら、関数の役割を容易に想像できると思います。しかし、読者の中にはプログラミング経験が全くない方もいるでしょう。そこで、関数の概要について簡単に紹介しておきます。

関数はある特定の処理を行ってくれる機能で、**関数名(引数)**という書式で記述します。関数名の部分には『どのような処理を行うか？』を記述します。ただし、各自の好きな関数名を記

述できる訳ではありません。各言語に用意されている関数の中から「目的に合う関数」の名前を記述しなければいけません。

続いて、**引数**に処理の対象となる値を記述します。ここでいう値とは、数値や文字列、色、リストなどを指します。なお、使用する関数によっては、カンマ区切りで複数の引数を指定しなければならない場合もあります。

たとえば、色を明るくする関数lighten()の場合、2つの引数が必要になります。第1引数には「基準となる色」を指定します。第2引数には「基準となる色をどれだけ明るくするか？」を指定します。これら2つの引数を指定すると、関数が"色を明るくする処理"を自動的に行ってくれます。具体的な例で示すと、lighten(#000000, 20%)と記述した場合は#333333という結果が出力されます。つまり、黒色(#000000)を20%だけ明るくした色(#333333)を返してくれる訳です。

このとき、引数を変数で指定しても構いません。たとえば、変数$iroにorange(#ffa500)を定義してある場合、lighten($iro, 10%)と関数を記述すると、オレンジ色を10%だけ明るくした#ffb733を返してくれます。

このように、関数を使うと複雑な処理を手軽に行えるようになります。特に「色を操作する関数」は便利なものが多いので、ぜひ使い方を覚えておいてください。

2.5.2　色を操作する関数

それでは、Sassに用意されている関数について詳しく解説していきましょう。まずは、最も使用頻度が高いと思われる「色を操作する関数」について解説します。

```
lighten(色, 0〜100%) ……… 色を明るくする
darken(色, 0〜100%) ……… 色を暗くする
```

指定した色の**明度**を変更できる関数です。明るくする場合は`lighten()`、暗くする場合は`darken()`の関数を使用します。

関数の記述	結果
lighten(#336699, 15%)	#538cc6
darken(red, 20%)	#990000

これらの関数は、同系色の「明るい色」や「暗い色」を指定する場合に便利に活用できます。RGBの値を計算しなくても、意図する色を簡単に作成できるのが最大の利点といえるでしょう。

以下は、背景色と文字色を関数を使って指定した場合の例です。変数$box-cに基準となる色を定義し、この色を暗くした色を背景色、明るくした色を文字色に指定しています。

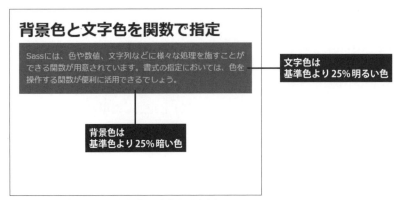

図2.5.2-1　色の明るさを関数で変化させた例

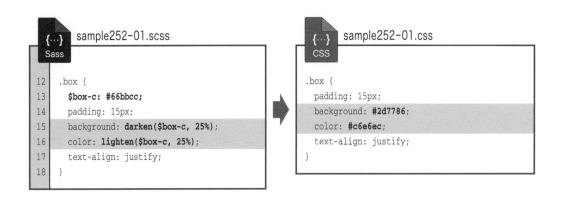

Sassファイルの13行目では、基準となる色を変数$box-cに定義しています。今回の例では、{……}の中で変数を定義しているため、この変数はローカル変数となります。

15～16行目が関数を使用している部分です。背景色には「基準色を25%だけ暗くした色」、文字色には「基準色を25%だけ明るくした色」を指定しています。

このように関数を使って色の明るさを変化させると、同系色だけで構成されたデザインを手軽に作成できます。もちろん、変数$box-cの値を変更して色合いを自由に変化させることも可能です。

```
saturate(色, 0〜100%) ……… 色の彩度を上げる
desaturate(色, 0〜100%) …… 色の彩度を下げる
```

色の**彩度**を変更する関数も用意されています。鮮やかな色に変更する場合は**saturate()**、くすんだ色に変更する場合は**desaturate()**という関数を使用します。いずれも、基本的な使い方は先ほど解説したlighten()やdarken()と同じです。

関数の記述	結果
saturate(#336699, 15%)	#2466a8
desaturate(red, 20%)	#e61919

以下は、ボタンの色指定に関数saturate()を使用した場合の例です。マウスオーバー時は「20%鮮やかな色」でボタンを表示するように書式指定を行っています。

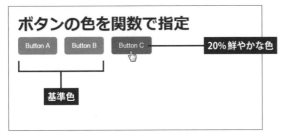

図2.5.2-2 色の彩度を関数で変化させた例

sample252-01.scss (Sass)

```scss
20  button {
21    $btn-c: #996677;
22    margin-right: 10px;
23    padding: 10px 15px;
24    background: $btn-c;
25    border-radius: 5px;
26    border: none;
27    color: #ffffff;
28    &:hover {
29      cursor: pointer;
30      background: saturate($btn-c, 20%);
31    }
32  }
```

sample252-01.css (CSS)

```css
button {
  margin-right: 10px;
  padding: 10px 15px;
  background: #996677;
  border-radius: 5px;
  border: none;
  color: #ffffff;
}

button:hover {
  cursor: pointer;
  background: #b34d6e;
}
```

今回もローカル変数として変数$btn-cを定義しました（21行目）。この変数に定義した色が「通常時のボタンの色」となります（24行目）。マウスオーバー時は「通常より20％鮮やかな色」がボタンの色として指定されます（30行目）。親要素の参照に&を使っている点に注意すれば、記述内容をすぐに理解できると思います。

---

mix(色1, 色2, 0～100%) ……… 中間色の生成

関数**mix()**は、指定した2つの色から**中間色**を生成する関数です。第3引数には「どちらの色に近づけるか？」を0～100％の値で指定します。ここに50％を指定すると「ちょうど中間の色」が生成されます。100％を指定した場合は「色1」、0％を指定した場合は「色2」が結果として返されます。70％を指定すると、「色1」を70％、「色2」を30％の割合で混ぜた中間色が生成されます。なお、第3引数を省略した場合は、50％が指定されたものとみなされます。

関数の記述	結果
mix(red, blue, 50%)	#7f007f
mix(red, blue, 100%)	red
mix(red, blue, 0%)	blue
mix(#990000, #009999, 70%)	#6b2d2d

---

complement(色) ……………………… 補色に変換
invert(色) ……………………………… 反転した色に変換
grayscale(色) ………………………… グレースケールに変換

関数を使って、指定した色を**補色**や**反転色**に変換することも可能です。補色に変換する場合は**complement()**、反転色に変換する場合は**invert()**という関数を使用します。また、指定した色を**グレースケール**に変換できる**grayscale()**という関数も用意されています。いずれも、引数に色を指定するだけで処理を実行できます。

関数の記述	結果
complement(green)	purple
invert(green)	#ff7fff
grayscale(green)	#404040

```
rgb(赤，緑，青) ·················· RGBの16進数表記に変換(※1)
hsl(色相，彩度，明度) ··········· RGBの16進数表記に変換(※1)
```

　色の表記方法でもある**rgb()**や**hsl()**は、指定した色をRGBの16進数表記に変換する関数としての機能も有しています。このため、rgb()やhsl()で色を指定すると、RGBの16進数表記に変換した値がCSSファイルに出力されます。

(※1)色にカラーネームが付けられている場合は、そのカラーネームがCSSファイルに出力されます。

関数の記述	結果
rgb(255, 128, 100)	#ff8064
rgb(255, 255, 0)	yellow
hsl(0, 65, 30)	#7e1b1b

```
rgba(色，不透明度) ················· 不透明度を追加(※1、※2)
hsla(色相，彩度，明度，不透明度) ········· rgba()表記に変換(※1、※2)
```

　色の表記方法である**rgba()**を関数として機能させることも可能です。この場合は第1引数に色、第2引数に不透明度を指定します。すると、指定した色に**不透明度を追加**できます。
　また、**hsla()**は、指定した色を**rgba()表記**に変換する関数として機能します。このため、hsla()で色を指定すると、rgba()表記に変換した値がCSSファイルに出力されます。

(※1)不透明度が1.0の場合は、RGBの16進数表記に変換されます。
(※2)色にカラーネームが付けられている場合は、そのカラーネームがCSSファイルに出力されます。

関数の記述	結果
rgba(#6699ff, 0.5)	rgba(102, 153, 255, 0.5)
rgba(green, 0.3)	rgba(0, 128, 0, 0.3)
hsla(60, 100, 50, 0.5)	rgba(255, 255, 0, 0.5)

```
fade-in(色, 0～1) ……………… 不透明度を増やす(※1)
fade-out(色, 0～1) ……………… 不透明度を減らす(※2)
```

指定した色の**不透明度を増減**させる関数です。不透明度を増やすときは**fade-in()**、不透明度を減らすときは**fade-out()**という関数を使用します。いずれも、第2引数に不透明度の変化量を0～1の値で指定します。

(※1) 関数opacify()でも同様の処理を行えます。
(※2) 関数transparentize()でも同様の処理を行えます。

関数の記述	結果
fade-in(rgba(0, 0, 255, 0.4), 0.3)	rgba(0, 0, 255, 0.7)
fade-out(rgba(0, 0, 255, 0.4), 0.3)	rgba(0, 0, 255, 0.1)
fade-out(silver, 0.3)	rgba(192, 192, 192, 0.7)

　以降に紹介する関数は単独で使用するものではなく、Sassを使ってプログラミング的な処理を行う場合に必要となる関数です。より高度なSassを記述したい方は、以下のような関数が用意されていることを頭に入れておくとよいでしょう。

```
red(色) ……………………… R(赤)の値を返す
green(色) ……………………… G(緑)の値を返す
blue(色) ……………………… B(青)の値を返す
```

　指定した色からR(赤)、G(緑)、B(青)の各値を取得する関数です。赤の値を取得するときは**red()**、緑の値を取得するときは**green()**、青の値を取得するときは**blue()**という関数を使用します。いずれも10進数表記で値が返されます。

関数の記述	結果	関数の記述	結果
red(#80ff05)	128	red(blue)	0
green(#80ff05)	255	green(blue)	0
blue(#80ff05)	5	blue(blue)	255

`hue(色)`	H（色相）の値を返す
`saturation(色)`	S（彩度）の値を返す
`lightness(色)`	L（明度）の値を返す

　指定した色から**H（色相）、S（彩度）、L（明度）の各値を取得**する関数です。色相の値を取得するときは`hue()`、彩度の値を取得するときは`saturation()`、明度の値を取得するときは`lightness()`という関数を使用します。

関数の記述	結果
`hue(#80ff05)`	90.48deg
`saturation(#80ff05)`	100%
`lightness(#80ff05)`	50.98039%

関数の記述	結果
`hue(blue)`	240deg
`saturation(blue)`	100%
`lightness(blue)`	50%

`alpha(色)`	不透明度を返す
`opacity(色)`	不透明度を返す

　指定した色の**不透明度を取得**する関数です。`alpha()`と`opacity()`の2種類の関数が用意されていますが、どちらも基本的な機能は同じです。

（※）関数`alpha()`は、Microsoft独自の`alpha`フィルタもサポートしています。

関数の記述	結果
`alpha(#5577ee)`	1
`opacity(#5577ee)`	1

関数の記述	結果
`alpha(rgba(255, 0, 0, 0.5))`	0.5
`opacity(rgba(255, 0, 0, 0.5))`	0.5

　そのほか、RGBやHSL、不透明度の各値を自由に変更できる`adjust-color()`、`scale-color()`、`change-color()`、色相を変更できる`adjust-hue()`などの関数が用意されています。気になる方は、以下のURLを参照してみてください。

■**Sassの関数を紹介しているページ（公式サイト、英語）**
　http://sass-lang.com/documentation/Sass/Script/Functions.html

2.5.3　数値を操作する関数

続いては、「数値を操作する関数」を紹介していきます。ただし、これらの関数は書式指定を便利にするものではなく、Sassを使ってプログラミング的な処理を行う場合に使用するケースが大半を占めています。

あえて言うなら、小数点以下を含む数値を丸めて整数にする場合に、round()、ceil()、floor()といった関数を使用できるかもしれません。たとえば、700pxを6分割するときに700px / 6という数式を記述すると、116.66667pxという計算結果が出力されます。

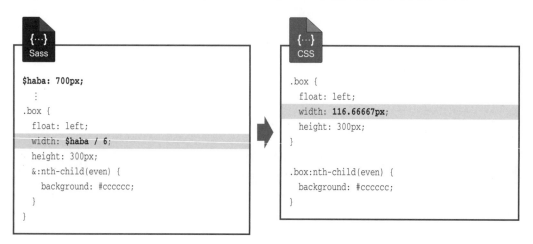

こういった小数点以下を含む数値を嫌う場合は、floor()という関数で小数点以下を切り捨てると、計算結果を整数にすることができます。

```scss
$haba: 700px;
  ⋮
.box {
  float: left;
  width: floor($haba / 6);
  height: 300px;
  &:nth-child(even) {
    background: #cccccc;
  }
}
```

```css
.box {
  float: left;
  width: 116px;
  height: 300px;
}

.box:nth-child(even) {
  background: #cccccc;
}
```

ただし、この場合は116px×6＝696pxとなり、4pxの隙間が生じてしまうことに注意しなければいけません。

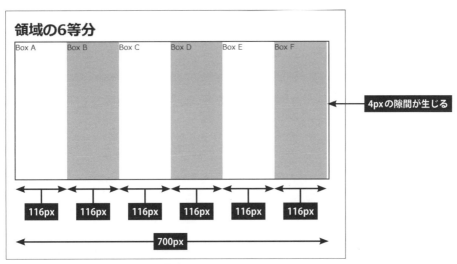

図2.5.3-1　計算結果を切り捨てた場合

widthのように「小数点以下を含む値」を指定可能なプロパティは、計算結果をそのまま指定した方が良好な結果を得られる場合が多く、必ずしも値を整数にする必要はありません。

以降に紹介する関数は、将来、Sassを使ってプログラミング的な処理を行う場合に備えて、どのような関数が用意されているかを頭に入れておくとよいでしょう。

```
round(数値) ……………………… 小数点以下を四捨五入して整数にする
ceil(数値)  ……………………… 小数点以下を切り上げて整数にする
floor(数値) ……………………… 小数点以下を切り捨てて整数にする
```

指定した値を整数に変換してくれる関数です。小数点以下を**四捨五入**する場合は`round()`、**切り上げる**場合は`ceil()`、**切り捨てる**場合は`floor()`という関数を使用します。引数に変数を指定したり、数式を記述したりしても構いません。数式を記述した場合は、その計算結果が処理の対象となります。

関数の記述	結果
round(13.5px)	14px
ceil(13.5px)	14px
floor(13.5px)	13px

関数の記述	結果
round(100 / 3)	33
ceil(100 / 3)	34
floor(100 / 3)	33

percentage(数値) ……………………… パーセント表記に変換

指定した値を**パーセント表記**に変換するときは、**percentage()**という関数を使用します。この関数も引数に変数を指定したり、数式を記述したりすることが可能です。

関数の記述	結果
percentage(0.345)	34.5%
percentage(2.345)	234.5%
percentage(1 / 5)	20%

abs(数値) ……………………………………… 絶対値を返す

指定した数値からマイナス記号を取り除いた**絶対値**に変換したいときは、**abs()**という関数を使用します。引数に正の数を指定した場合は、その数値がそのまま返されます。

関数の記述	結果
abs(3)	3
abs(-5.64)	5.64
abs(-9px / 6)	1.5px

min(数値1, 数値2, 数値3, ……) ………… 最小値を返す
max(数値1, 数値2, 数値3, ……) ………… 最大値を返す

複数の数値を**カンマ区切り**で引数に指定し、その中から**最小値**を求める場合は**min()**という関数を使用します。同様に、**max()**という関数で**最大値**を求めることも可能です。なお、比較不能なスケールの異なる数値を指定した場合は、エラーが発生します。

関数の記述	結果
min(5, 18, 4, 26, 8)	4
max(5, 18, 4, 26, 8)	26
max(5px, 18px, 20%)	エラー

random(最大値)	乱数を返す

`random()`は乱数を生成する関数です。乱数の範囲は引数で指定します。たとえば、引数に500を指定した場合は、1〜500の中からランダムに選択された整数が返されます。引数を省略した場合は、0〜1のランダムな数値が返されます。コンパイルを実行する度に返される数値は変化します。

関数の記述	結果	
random(500)	352	※1〜500の乱数（整数）が生成されます。
random(30)	14	※1〜30の乱数（整数）が生成されます。
random()	0.81952	※0〜1の乱数が生成されます。

2.5.4　文字列を操作する関数

続いては、「文字列を操作する関数」を紹介します。これらの関数も、Sassでプログラミング的な処理を行う場合に使用するのが一般的です。

quote(文字列)	引用符で囲む
unquote(文字列)	引用符を削除する

文字列を**引用符で囲む**ときは、`quote()`という関数を使用します。逆に、文字列から**引用符を削除する**場合は`unquote()`という関数を使用します。

関数の記述	結果	
quote(MS PMincho)	"MS PMincho"	
quote($a + Press)	"WordPress"	※$aの値がWord（引用符なし）の場合
unquote("img/icon.png")	img/icon.png	

str-length(文字列) ……………… 文字数を返す

指定した文字列の**文字数**を求めるときは、**str-length()** という関数を使用します。半角スペースも1文字としてカウントされます。全角文字の文字数も正しくカウントすることができます。

関数の記述	結果
str-length(Good)	4
str-length("Good day")	8
str-length(誕生日)	3

str-insert(文字列, 挿入文字, n) ……………… n文字目に文字を挿入

文字列の途中に**文字を挿入**するときは、**str-insert()** という関数を使用します。この関数は3つの引数を指定する必要があります。第1引数に「元となる文字列」、第2引数に「挿入する文字列」を指定し、「何文字目に挿入するか？」を第3引数で指定します。

関数の記述	結果
str-insert(Sss, a, 2)	Sass
str-insert("Win 10", dows, 4)	"Windows 10"
str-insert(市立小学校, 第四, 3)	市立第四小学校

str-index(文字列, キーワード) ……………… 検索文字の位置（何文字目）

キーワードに指定した文字が**何文字目に登場する**かを調べるときは、**str-index()** という関数を使用します。キーワードに該当する箇所が複数あった場合は、そのキーワードが初めて登場する位置が返されます。キーワードが見つからなかった場合はnullが返されます。

関数の記述	結果	関数の記述	結果
str-index("Sass", "a")	2	str-index(市立小学校, 学)	4
str-index("Sass", "s")	3	str-index(市立小学校, 小学)	3

str-slice(文字列, n, m) ………… n～m文字目を抜き出す

str-slice()は、指定した文字列から**n～m文字目を抜き出す**ことができる関数です。nとmに負の数を指定して「後ろから○文字目」を指定することも可能です。

関数の記述	結果
str-slice("Examples", 3, 5)	"amp"
str-slice(Examples, -4, -2)	ple
str-slice(市立小学校, 3, 5)	小学校

to-upper-case(文字列) ………… 大文字に変換
to-lower-case(文字列) ………… 小文字に変換

指定した文字列を大文字または小文字に変換する関数です。**大文字に変換**するときは**to-upper-case()**、**小文字に変換**するときは**to-lower-case()**という関数を使用します。

関数の記述	結果
to-upper-case("Examples")	"EXAMPLES"
to-lower-case(Examples)	examples

2.5.5　リストを操作する関数

複数の値で構成される「リストを操作する関数」も用意されています。ここでは、変数$ddに以下のようなリストが定義されている場合を例にして、各関数の機能を紹介していきます。

```
$dd: Sun, Mon, Tue, Wed, Thu, Fri, Sat;
```

length(リスト)	……… リスト内に何個の値があるか
nth(リスト, n)	……… n番目の値を返す
index(リスト, 値)	……… 指定した値が何番目にあるか

リスト内に**何個の値**が含まれているかを調べるときは、`length()`という関数を使用します。また、リストから**n番目の値を取り出す**ことも可能です。この場合は`nth()`という関数を使用し、「何番目の値を取り出すか？」を第2引数に指定します。これとは逆に、指定した値が**何番目に記録されているか？**を調べるときは、`index()`という関数を使用し、「検索する値」を第2引数に指定します。

関数の記述	結果
length($dd)	7
nth($dd, 2)	Mon
index($dd, Thu)	5

| set-nth(リスト, n, 値) | ……… n番目の値を指定した値に変更 |

リスト内にある**n番目の値を変更**するときは、`set-nth()`という関数を使用します。第1引数には「リスト」、第2引数には「何番目の値を変更するか？」、第3引数には「変更後の値」を指定します。

関数の記述	結果
set-nth($dd, 3, 火曜日)	Sun, Mon, 火曜日, Wed, Thu, Fri, Sat

append(リスト, 値, comma/space) …………… リストの最後に値を追加

　リストの最後に値を追加するときは、**append()**という関数を使用します。第1引数には「リスト」、第2引数には「追加する値」を指定します。さらに第3引数を指定して、リストの区切り文字を変更することも可能です。commaを指定した場合はカンマ区切り、spaceを指定した場合は半角スペース区切りのリストになります。

関数の記述	結果
append($dd, holiday)	Sun, Mon, Tue, Wed, Thu, Fri, Sat, holiday
append($dd, holiday, space)	Sun Mon Tue Wed Thu Fri Sat holiday

list-separator(リスト) ………… 区切り文字を返す

　list-separator()は、リストの**区切り文字を調べる**ときに使用する関数です。カンマ区切りの場合はcomma、半角スペース区切りの場合はspaceが返されます。

関数の記述	結果
list-separator($dd)	comma

join(リスト1, リスト2, comma/space) …………… 2つのリストを結合

　2つの**リストを結合**するときは**join()**という関数を使用します。第1引数と第2引数に結合する2つのリストを指定します。第3引数を指定して、リストの区切り文字を指定することも可能です。なお、「カンマ区切りのリスト」を引数に直接記述する場合は、リスト全体を( )で囲む必要があります。

関数の記述	結果
join($dd, $曜日 ,space)	Sun Mon Tue Wed Thu Fri Sat 日 月 火 水 木 金 土 ※$曜日: 日 月 火 水 木 金 土;の場合
join($dd, 1 2 3 4 5 6 7)	Sun, Mon, Tue, Wed, Thu, Fri, Sat, 1, 2, 3, 4, 5, 6, 7
join($dd, (a, b, c, d))	Sun, Mon, Tue, Wed, Thu, Fri, Sat, a, b, c, d

zip(リスト1, リスト2, リスト3, ……) ……… 複数のリストから多次元配列を作成

引数に指定した複数のリストをもとに**多次元配列**を作成するときは、**zip()**という関数を使用します。

関数の記述	結果
zip($dd, $曜日)	Sun 日, Mon 月, Tue 火, Wed 水, Thu 木, Fri 金, Sat 土 ※$曜日: 日 月 火 水 木 金 土;の場合
zip($dd, 1 2 3 4 5 6 7)	Sun 1, Mon 2, Tue 3, Wed 4, Thu 5, Fri 6, Sat 7
zip($dd, (a, b, c, d))	Sun a, Mon b, Tue c, Wed d

2.5.6 その他の関数

これまでに紹介した関数のほかにも、Sassには様々な関数が用意されています。最後に、**デバッグ**作業を行うときに役立つ関数をいくつか紹介しておきましょう。

type-of(値) ……… 型を返す

変数や数式の**型**を調べるときは、**type-of()**という関数を使用します。引数に変数や数式を指定すると、その型に応じて以下の値が返されます。

「数値」の場合 ……………………… number
「色」の場合 ………………………… color
「文字列」の場合 …………………… string
「リスト」の場合 …………………… list
「true/fales」の場合 ……………… bool

この関数はデバッグ作業を行う場合に活用できます。たとえば、変数$wを数式で定義し、この変数を3で割った値をwidthに指定しようと、次ページのようにSassを記述したとします。この場合、コンパイル結果は右側に示したCSSのようになり、思いどおりの結果を得られません。

```
{…}
Sass

$w: 700px -15px * 2 ;

.box {
  width: $w / 3;
}
```

```
{…}
CSS

.box {
  width: 700px -30px/3;
}
```

　こういったトラブルが生じたときは、関数type-of()で変数$wの型を調べると、原因を発見できる場合があります。ただし、単純に関数type-of()だけを記述すると、コンパイル時にエラーが生じてしまいます。そこでcontentプロパティを利用し、関数の戻り値をcontentプロパティの値として出力します。

```
{…}
Sass

$w: 700px -15px * 2 ;

.box {
  width: $w / 3;
  content: type-of($w);
}
```

```
{…}
CSS

.box {
  width: 700px -30px/3;
  content: list;
}
```

　この出力結果を見ると、変数$wがリストとして扱われていることが判明します。つまり、widthプロパティでは（リスト）/3という計算が行われることになります。これでは思いどおりの結果を得られなくて当然です。
　変数$wがリストとして扱われてしまう原因は、$wを定義する「数式の記述」に問題があります。この例では、マイナス記号の前だけに「半角スペース」を挿入しているため、$wは700pxと-30pxの2つの値を持つリストとして定義されます。この問題を解消するには、マイナス記号の後にも「半角スペース」を挿入しなければいけません（詳しくはP96～97参照）。すると正しく計算が行われ、$wが数値型（number）の変数として扱われるようになります。

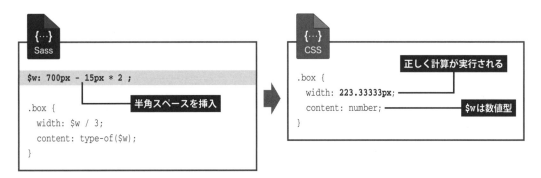

このように、型を調べることでトラブルの原因を究明できる場合もあります。デバック作業を行うときの一つのテクニックとして覚えておいてください。もちろん、デバッグ作業が済んだあとは、contentプロパティの記述は不要になります。速やかに削除しておいてください。

---

unit(数値) ……………………………… 単位の種類を返す
unitless(数値) ……………………… 単位の有無を返す

数値の**単位**を調べたいときは、**unit()**という関数を使用します。この関数の引数には、「変数」や「数式」を指定するのが一般的です。また、**単位の有無**を調べる**unitless()**という関数も用意されています。単位がない場合はtrue、単位がある場合はfalseが返されます。なお、これらの関数を使用するときも、返り値の確認用にcontentプロパティを利用するのが一般的です。

関数の記述	結果
content: unit(50px * 2px);	content: "px*px";
content: unit($w / 3);	content: "px";　　※$wが700pxの場合
content: unit($w / 3px);	content: "";　　※$wが700pxの場合
content: unitless(100% / 5);	content: false;　　※単位あり
content: unitless(100% / 5%);	content: true;　　※単位なし

---

comparable(数値1, 数値2) ……………… 計算や比較の可否を返す

---

comparable()は、引数に指定した2つの数値を**計算・比較できるか？**を調べる関数です。計算・比較が可能な場合はtrue、計算・比較が不可能な場合はfalseが返されます。

関数の記述	結果
content: comparable(10cm, 3px);	content: true;
content: comparable(10%, 3px);	content: false;

これまでに紹介してきた関数のほかにも、Sassには様々な関数が用意されています。ただし、頻繁に使用する関数ではなく、また上級者向けの関数となるため、本書では詳しい解説を割愛します。もっと詳しく知りたい方は、公式サイトのドキュメントを参照してみるとよいでしょう。英語表記ですが、各関数の概要や使い方が紹介されています。

■Sassの関数を紹介しているページ（公式サイト、英語）

http://sass-lang.com/documentation/Sass/Script/Functions.html

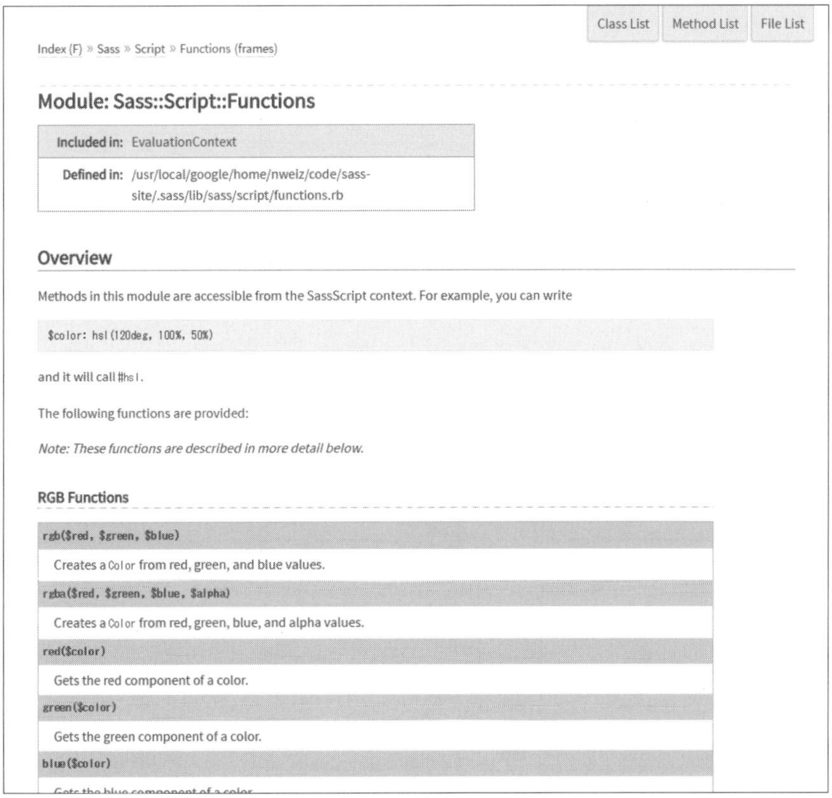

図2.5.6-1　公式サイトのドキュメント

なお、このページでは、関数名の-（ハイフン）が_（アンダースコア）で表記されている場合もあります。変数名と同様に、関数名もハイフンとアンダースコアは同じ文字として扱われることに注意してください。

2.6 Sassとメディアクエリ

スマートフォンやタブレットといったモバイル端末にも対応できるように、最近では、メディアクエリを使ってレスポンシブなWebサイトを作成するケースが増えてきました。続いては、メディアクエリを使用する場合のSassの記述について解説します。

2.6.1 メディアクエリの記述について

　最近は、スマートフォンやタブレットでWebサイトが閲覧される機会も多くなりました。こういったモバイル端末への対応策として、**メディアクエリ**を使ったレスポンシブWebデザインを採用するWebサイトが増えてきています。もちろん、この場合にもSassを活用することが可能です。まずは、Sassでメディアクエリを記述する方法から解説していきましょう。

　SCSS形式のSassはCSSの上位互換となるため、通常のCSSと全く同じ方法でメディアクエリを記述できます。

Sass
```
body {
  width: 100%;
  -webkit-text-size-adjust: 100%;
}

@media only screen and (min-width:769px) {
  body {
    width: 950px;
    margin: 0px auto;
  }
}
```

CSS
```
body {
  width: 100%;
  -webkit-text-size-adjust: 100%;
}

@media only screen and (min-width: 769px) {
  body {
    width: 950px;
    margin: 0px auto;
  }
}
```

　上記の例では、body要素の幅を画面サイズに応じて変化させています。画面の幅が769px未満[※1]の場合は、body要素を幅100%で表示します。画面の幅が769px以上[※2]の場合は、body要素を幅950pxで表示し、ページ全体が画面の左右中央に表示されるようにmarginを指定しています。なお、-webkit-text-size-adjust: 100%;のベンダープレフィックスは、モバイル端末で文字サイズの自動調整を無効にするための書式指定となります。

このように**@media**を使って書式指定を記述しても、何の問題もなくCSSファイルに変換することが可能です。もちろん、ネストや変数、数式、関数といったSassならではの機能を使用すれば、もっと快適にスタイルシートを記述できるようになります。

（※1）スマートフォン／タブレットでWebを閲覧した場合を想定しています。
（※2）パソコンでWebを閲覧した場合を想定しています。

2.6.2　メディアクエリのネスト

せっかくSassを使用しているのですから、Sassの特長を活かした記述方法を紹介しておきましょう。Sassでは**@media**の記述を**ネスト**し、画面サイズに応じた書式指定を1ブロックにまとめて記述することが可能です。

sample262-01.scss

```
 8  body {
 9    padding: 0;
10    @media only screen and (min-width:641px) {
11      padding: 20px;
12    }
13  }
14
15  img {
16    width: 100%;
17    vertical-align: middle;
18    @media only screen and (min-width:641px) {
19      width: 300px;
20    }
21  }
```

sample262-01.css

```
body {
  padding: 0;
}

@media only screen and (min-width: 641px) {
  body {
    padding: 20px;
  }
}

img {
  width: 100%;
  vertical-align: middle;
}

@media only screen and (min-width: 641px) {
  img {
    width: 300px;
  }
}
```

　この例では、`body`要素と`img`要素の書式を画面サイズに応じて変化させています。画面の幅が641px未満の場合は、`body`要素に内余白0、`img`要素に幅100％の書式が指定されます。画面の幅が641px以上の場合は、`body`要素に内余白20px、`img`要素に幅300pxの書式が指定されます。なお、`vertical-align`は、画像が縦に並んだときに隙間なく表示するための書式指定となります。

図2.6.2-1　@mediaを使った書式指定（左：幅641px未満、右：幅641px以上）

このように@mediaをネストすると、「通常の書式指定」と「メディアクエリの書式指定」をまとめて記述できるようになります。同じセレクタの書式指定を1ブロックにまとめられるため、通常のCSSよりも視認性に優れたスタイルシートを記述できると思います。

さらに、@media {……}の中でネストを使用することも可能です。ここでは、以下のようにHTMLを記述した場合を例にして解説していきます。

この場合、「.photo-boxの中にあるimg要素」をセレクタとして書式を指定するのが一般的です。この書式をメディアクエリを使って指定するときに、次ページのようにSassを記述しても構いません。

2.6 Sassとメディアクエリ

```
sample262-02.scss (Sass)
15  .photo-box {
16    width: 100%;
17    img {
18      width: 100%;
19      vertical-align: middle;
20    }
21    @media only screen and (min-width:641px) {
22      width: 600px;
23      border: solid 15px #666666;
24      img {
25        width: 300px;
26      }
27    }
28  }
```

```
sample262-02.css (CSS)
.photo-box {
  width: 100%;
}

.photo-box img {
  width: 100%;
  vertical-align: middle;
}

@media only screen and (min-width: 641px) {
  .photo-box {
    width: 600px;
    border: solid 15px #666666;
  }
  .photo-box img {
    width: 300px;
  }
}
```

img要素の書式指定をネストで記述しています。このように@media {……}の中でネストを使用した場合は、それぞれの書式指定が1つの@media {……}にまとめて出力されます。

参考までに、書式指定の内容を簡単に解説しておきましょう。画面の幅が641px未満の場合は、div要素（.photo-box）に幅100%の書式が指定されます。img要素には、幅100%と上下中央揃えの書式が指定されます。画面の幅が641px以上になると、div要素の幅は600pxに変更され、太さ15pxの枠線が描画されます。また、img要素の幅が300pxに変更されます。

 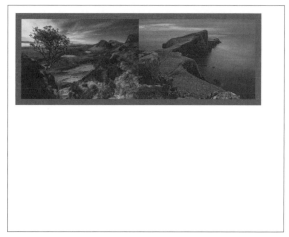

図2.6.2-2　@mediaを使った書式指定（左：幅641px未満、右：幅641px以上）

2.6.3　変数を使ったメディアクエリの記述

　メディアクエリを使用する際に、『@mediaの記述が長くて面倒くさい……』と思っている方も沢山いるでしょう。このような場合は、@mediaの条件を**変数**として定義しておくとスタイルシートを快適に記述できるようになります。

　以下は、480pxと768pxの2箇所にブレイクポイントを設定した場合の例です。これらの条件の記述に変数$Mと変数$Lに使用することで、@mediaの記述を簡略化しています。@mediaの記述は頻繁に登場するため、なるべく短い変数名にしておくと利便性が高くなると思います。

sample263-01.html

```html
13  <h1>メディアクエリ</h1>
14  <div class="photo-box">
15    <img src="pic01.jpg"><img src="pic02.jpg">
16  </div>
```

sample263-01.scss

```scss
8   $M: "only screen and (min-width:481px)";
9   $L: "only screen and (min-width:769px)";
         ⋮
31  .photo-box {
32    width: 100%;
33    img {
34      width: 100%;
35      vertical-align: middle;
36    }
37    @media #{$M} {
38      img {
39        width: 50%;
40      }
41    }
42    @media #{$L} {
43      width: 600px;
44      img {
45        width: 300px;
46      }
47    }
48  }
```

幅481px以上の書式指定
幅769px以上の書式指定

sample263-01.css

```css
.photo-box {
  width: 100%;
}

.photo-box img {
  width: 100%;
  vertical-align: middle;
}

@media only screen and (min-width: 481px) {
  .photo-box img {
    width: 50%;
  }
}

@media only screen and (min-width: 769px) {
  .photo-box {
    width: 600px;
  }
  .photo-box img {
    width: 300px;
  }
}
```

それぞれの@mediaに続けて$Mや$Lの変数を記述することで、条件の記述を簡略化しています。このとき、**インターポレーション**を使って変数を**#{……}**で囲む必要があることに注意してください。

$Mや#Lの定義を変更するだけで、ブレイクポイントを自由に変更できることも利点の一つとなります。@mediaが登場する度に数値を修正する必要がないため、ブレイクポイントの変更にも手軽に対応できます。

なお、ここではdiv要素（.photo-box）とimg要素の書式指定だけを示していますが、body要素やh1要素も同様の手法で書式が指定されています。各要素に指定されている書式の内容は特に難しくないので、各自で読み取ってみてください。

図2.6.3-1　@mediaを使った書式指定（左：幅481px未満、中：幅481px以上、右：幅769px以上）

2.6.4　数式や関数の活用

もちろん、**数式**や**関数**を活用することも可能です。％表記で幅（width）を指定する機会が多いレスポンシブWebデザインでは、数値を％表記に変換する`percentage()`の関数が便利に活用できると思います。

たとえば、パソコンで閲覧したときに、800pxの領域内に左右15pxの余白を設ける場合を考えてみましょう。これをそのまま書式指定するとwidth: 770pxとなりますが、この書式指定が成り立つのはパソコンで閲覧したときだけです。同じ比率をモバイル端末でも維持するには、(800−15×2)÷800を計算し、その計算結果を％表記に変換した96.25％をwidthを指定しなければいけません。

このような処理を行うときに数式や関数が役に立ちます。「パソコンで閲覧したときのピクセル数」をそのまま数式で記述し、`percentage()`の関数を使って％表記に変換すれば、widthの指定を完了できます。いちいち電卓で比率を計算する必要はありません。

Sass
```
box{
  width: percentage((800 - 15 * 2) / 800);
  margin: 0 auto;
    ⋮
}
```

CSS
```
.box {
  width: 96.25%;
  margin: 0 auto;
    ⋮
}
```

　さらに変数を活用すると、「領域の幅」や「余白」の変更にも柔軟に対応できるようになります。工夫次第でスタイルシート設計の手間を大幅に短縮できると思うので、各自でも色々と研究してみてください。

Sass
```
.box{
  $w: 800px;
  $gap: 15px;
  width: percentage(($w - $gap * 2) / $w);
  margin: 0 auto;
    ⋮
}
```

CSS
```
.box {
  width: 96.25%;
  margin: 0 auto;
    ⋮
}
```

第3章

スタイルの継承とインポート

Sassには、あらかじめ定義しておいた書式指定を取り込んだり、他のセレクタに書式を継承したりできる機能が用意されています。さらに、別のSassファイルを読み込んで利用することも可能です。第3章では、スタイルの継承とインポートについて解説します。

3.1 ミックスイン @mixin

よく使用する書式指定をあらかじめ定義しておき、これを取り込んで各要素の書式を指定していくことも可能です。この場合はミックスインという機能を使用します。便利で応用範囲の広い機能となるので、ぜひ使い方を覚えておいてください。

3.1.1 ミックスインを使った書式指定

　各要素の書式を指定するときに、「他の要素とよく似た書式」を指定するケースも少なくありません。このような場合に**ミックスイン**という機能を使用すると、同じ書式指定を何回も記述する手間を省くことができます。

　ミックスインは、複数の書式指定を1つにまとめたスタイルセットと考えることができます。たとえば「角丸の枠線で囲まれたボックス」を作成する場合、border-radius（角丸）、border（枠線）、padding（内余白）などの書式を指定しなければいけません。これらの書式指定をミックスインとして定義しておくと、ミックスインを取り込むだけで「角丸の枠線で囲まれたボックス」の書式を指定できるようになります。

　それでは、ミックスインの具体的な使い方を説明していきましょう。まずはミックスインを定義するときの記述方法から解説します。ミックスインを定義するときは、**@mixin**というディレクティブを使用し、続けて**ミックスイン名**を記述します。その後、**{……}**の中に定義する書式指定を列記していきます。

```
@mixin ミックスイン名{
    プロパティ: 値;
    プロパティ: 値;
        ⋮
}
```

　もちろん、ミックスイン名には各自の好きな名前を付けることができます。使用できる文字は、**a～z**（小文字）と**A～Z**（大文字）のアルファベット、**数字**、**-**（ハイフン）、**_**（アンダースコア）となります。そのほか、**全角文字**で日本語のミックスイン名を指定することも可能です。ただし、変数名の場合と同様に、ハイフンとアンダースコアは同じ文字として扱われることに注意してください。

ミックスインを取り込むときは **@include** というディレクティブを使用し、続けてミックスイン名を記述します。

```
セレクタ {
  @include ミックスイン名;
    ⋮
}
```

具体的な例を示しておきましょう。以下は、「角丸の枠線で囲まれたボックス」の書式をミックスインで定義した場合の例です。

sample311-01.scss (Sass)

```scss
12  @mixin kadomaru {
13    border-radius: 5px;
14    border: solid 2px #446611;
15    padding: 5px 10px;
16    background: #ffffff;
17    color: #446611;
18    line-height: 1.5;
19  }
20
21  h1 {
22    @include kadomaru;
23    font-size: 28px;
24  }
25
26  button {
27    @include kadomaru;
28    padding: 7px 20px;
29    margin-right: 10px;
30    cursor: pointer;
31    font-weight: bold;
32  }
```

sample311-01.css (CSS)

```css
h1 {
  border-radius: 5px;
  border: solid 2px #446611;
  padding: 5px 10px;
  background: #ffffff;
  color: #446611;
  line-height: 1.5;
  font-size: 28px;
}

button {
  border-radius: 5px;
  border: solid 2px #446611;
  padding: 5px 10px;
  background: #ffffff;
  color: #446611;
  line-height: 1.5;
  padding: 7px 20px;
  margin-right: 10px;
  cursor: pointer;
  font-weight: bold;
}
```

　Sassファイルの12～19行目がミックスインを定義している部分となります。今回の例ではミックスインにkadomaruという名前を付け、角丸／枠線／内余白／背景色／文字色／行間の書式を定義しました。

　21～24行目はh1要素の書式指定です。@includeでkadomaruのミックスインに定義されている書式指定を取り込み、さらに文字サイズの書式を追加指定しています。

　26～32行目はbutton要素の書式指定です。こちらはkadomaruのミックスインを取り込んだ後、内余白／右の外余白／カーソル形状／太字の書式を追加指定しています。内余白の書式

指定が重複するため、paddingプロパティが2回出力されることに注目してください。この場合、後に登場するpaddingプロパティで値が上書きされることになり、`padding: 7px 20px;`の書式指定が有効になります。このように、ミックスインで定義されている書式を指定しなおし、一部の書式だけを変更して利用することも可能です。

図3.1.1-1　ミックスインを使った書式指定

　デザイン的な書式を指定する場合だけでなく、文字関連の書式を一括指定する場合、floatを解除するclearfixを追加する場合などにミックスインが活用できると思います。サイト内でよく使用される書式指定をミックスインとして定義しておくと、効率よくスタイルシートを記述できるでしょう。様々な場面に応用できるので、よく使い方を覚えておいてください。

有効範囲を限定したミックスイン

　本書のP88～91で解説したローカル変数のように、有効範囲を限定したミックスインを作成することも可能です。この場合は、書式指定を行う{……}の中でミックスインを定義します。ただし、ミックスインの用途からして、このような使い方をするケースはほとんどありません。参考程度に覚えておけば十分でしょう。

3.1.2　引数を指定したミックスイン

　ミックスインを使用する際に**引数**を指定することも可能です。「似たような書式を何回も指定するが、一部のプロパティは値を変更する場合がある」という場合に活用するとよいでしょう。

　文章による説明だけでは分かりにくいと思うので、具体的な例で示していきましょう。次ページに示した例は、「角丸の枠線で囲まれたボックス」をミックスインで指定した場合の例です。書式指定の内容は基本的にsample311-01と同じですが、「枠線の色／文字色」と「背景色」を引数で自由に変更できるように改良してあります。

3.1 ミックスイン @mixin

sample312-01.scss (Sass)

```
12  @mixin kadomaru($base-color, $bg-color) {
13    border-radius: 5px;
14    border: solid 2px $base-color;
15    padding: 5px 10px;
16    background: $bg-color;
17    color: $base-color;
18    line-height: 1.5;
19  }
20
21  h1 {
22    @include kadomaru(#333300, #99cc44);
23    font-size: 28px;
24  }
25
26  button {
27    @include kadomaru(white, #666633);
28    padding: 7px 20px;
29    margin-right: 10px;
30    cursor: pointer;
31    font-weight: bold;
32  }
```

sample312-01.css (CSS)

```
h1 {
  border-radius: 5px;
  border: solid 2px #333300;
  padding: 5px 10px;
  background: #99cc44;
  color: #333300;
  line-height: 1.5;
  font-size: 28px;
}
button {
  border-radius: 5px;
  border: solid 2px white;
  padding: 5px 10px;
  background: #666633;
  color: white;
  line-height: 1.5;
  padding: 7px 20px;
  margin-right: 10px;
  cursor: pointer;
  font-weight: bold;
}
```

　引数のあるミックスインを定義するときは、ミックスイン名に続けて**( )**を記述し、**変数名**を**カンマ区切り**で列記します（12行目）。今回は、$base-colorと$bg-colorの2つの変数を用意しました。これらの変数を使ってプロパティの値を定義すると、その書式を自由に変更できるミックスインを作成できます。ここでは、「枠線の色」と「文字色」を$base-color、「背景色」を#bg-colorの変数で指定しました。

　これらの変数の値は、@includeでミックスインを取り込む際に指定します。たとえば、h1要素の書式指定では、kadomaru(#333300, #99cc44)と記述してミックスインを取り込んでいます（22行目）。この場合、$base-colorに#333300、#bg-colorに#99cc44が指定されたものとして処理されます。その結果、「枠線の色」と「文字色」には#333300、「背景色」には#99cc44が指定されます。button要素の書式指定も同様です（27行目）。それぞれの変数に( )内の値が順番に指定されるため、「枠線の色」と「文字色」はwhite、「背景色」は#666633の書式が指定されます。

図3.1.2-1　引数のあるミックスインを使った書式指定

先ほどの例ではミックスインに2つの変数を指定しましたが、変数の数は1つでも構いませんし、3つ以上でも構いません。値を変更するプロパティに合わせて、変数（引数）を定義してください。

　もちろん、@includeでミックスインを取り込むときも、同じ数だけ引数を指定しなければいけません。引数の数が少ない、または多い場合は、変数と値が正しく対応しなくなるためエラーが発生してしまいます。

　引数のあるミックスインを使用する際に、各変数の**初期値**を定義しておくことも可能です。この場合は変数名の後に：（コロン）を記述し、続けて初期値を記述します。たとえば、以下のようにミックスインを定義すると、$base-colorに#ff6666、$bg-colorにwhiteの初期値を定義することができます。

```scss
@mixin kadomaru($base-color: #ff6666, $bg-color: white) {
  border-radius: 5px;
  border: solid 2px $base-color;
  padding: 5px 10px;
  background: $bg-color;
  color: $base-color;
  line-height: 1.5;
}
```

sample312-02.scss

　このように変数の初期値を定義しておくと、@includeでミックスインを取り込むときに引数の指定を省略することが可能となります。たとえば、以下のように空白の( )を記述してミックスインを取り込むと、変数の初期値で各プロパティの値が指定されます。

※ 引数の指定を省略するときは、@include kadomaru;のように( )の記述を省略しても構いません。

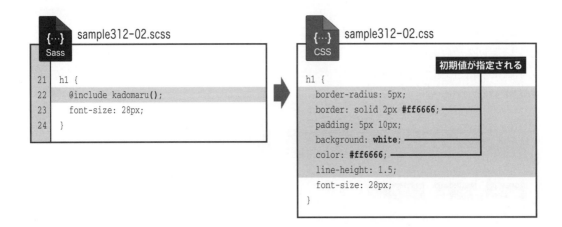

もちろん、引数を指定して各変数の値を変更することも可能です。たとえば、以下のように記述してミックスインを取り込んだ場合は、$base-colorにwhite、$bg-colorに#ff6666が指定されるため、「枠線の色／文字色」にはwhite、「背景色」には#ff6666が指定されます（色を逆転させた書式が指定されます）。

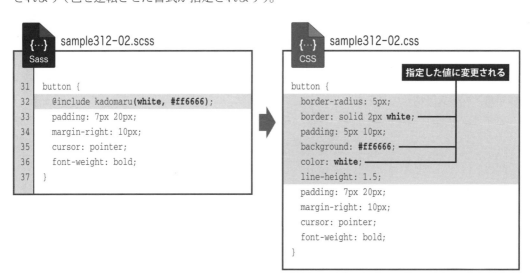

なお、引数を1つだけ指定した場合は、$base-colorの値だけが変更され、$bg-colorは初期値がそのまま引き継がれます。

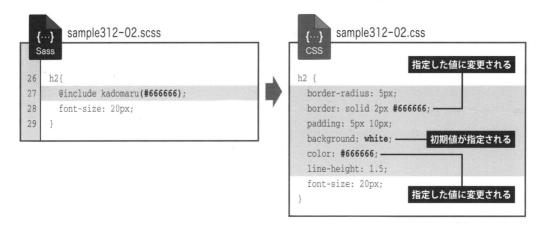

ただし、第1引数（$base-color）の指定を省略し、第2引数（$bg-color）だけを指定するような使い方はできません。たとえば、@include kadomaru(, black);と記述するとエラーが発生してしまいます。この場合は、@include kadomaru(#ff6666, black);と記述して、第1引数に「初期値と同じ値」を指定しなければいけません。

3.1.3　引数を利用するときの注意点

引数を上手に活用すると使い勝手のよいミックスインを作成できますが、いくつか注意しなければならない点もあります。続いては、引数のあるミックスインを使用するときの注意点を紹介しておきます。

■半角スペース区切りのリスト

まずは、`margin`や`padding`のように「半角スペース区切り」で複数の値を指定できるプロパティについて解説します。この場合は問題なく引数を使用することが可能です。値を1つだけ指定した場合はもちろん、2つ以上の値を指定しても問題なく書式を指定できます。

```scss
@mixin style-A($yohaku: 10px, $iro: red) {
  padding: $yohaku;
  color: $iro;
}

h1 {
  @include style-A(15px 20px, blue);
     ⋮
}
```

```css
h1 {
  padding: 15px 20px;
  color: blue;
     ⋮
}
```

■カンマ区切りのリスト

問題となるのは「カンマ区切り」で複数の値を指定するプロパティです。この場合、カンマが「値の区切り」を示しているのか、それとも「引数の区切り」を示しているのかを判断できなくなってしまいます。たとえば、画像を切り抜く`clip`プロパティを指定するときに、上右下左の値をカンマ区切りで記述する場合もあります。この引数を以下のように記述するとエラーが発生してしまいます。

```scss
@mixin style-B($clip, $alpha) {
  position: absolute;
  clip: rect($clip);
  opacity: $alpha;
}
```

```
img {
  @include style-B(20px, 220px, 150px, 50px, 0.6);
    ⋮
}
```

このようにカンマを含むリストを引数に指定するときは、その範囲を( )で囲んで明示しなければいけません。

Sass
```
img {
  @include style-B((20px, 220px, 150px, 50px), 0.6);
    ⋮
}
```

CSS
```
img {
  position: absolute;
  clip: rect(20px, 220px, 150px, 50px);
  opacity: 0.6;
    ⋮
}
```

そのほか、変数名の後に...(ピリオド3つ)を付けた**可変長引数**を使用する方法も用意されています。可変長引数とは、値の数か決まっていない変数のことです。これを`@mixin`の引数として定義し、以下のようにSassを記述しても構いません。

Sass
```
@mixin style-B($alpha, $clip...) {
  position: absolute;
  clip: rect($clip);
  opacity: $alpha;
}

img {
  @include style-B(0.6, 20px, 220px, 150px, 50px);
    ⋮
}
```

CSS
```
img {
  position: absolute;
  clip: rect(20px, 220px, 150px, 50px);
  opacity: 0.6;
    ⋮
}
```

この場合は第1引数の0.6が`$alpha`に渡され、それ以降の値は全て`$clip`に渡されます。よって、右側に示したCSSを得ることが可能です。このとき、可変長引数を必ず**最後の引数**にしなければいけません。`@mixin style-B($clip..., $alpha)`のように可変長引数を先に記述すると、「どこまでが`$clip`の値か？」を判断できなくなるためエラーが発生します。

■変数名を明記してミックスインを取り込む

　引数のあるミックスインを使用するときは、@mixinと@includeの引数が正しく対応するように、「変数」と同じ順番で「値」を記述しなければいけません。とはいえ、引数の数が増えてくると、『どの順番で変数を記述したか？』を忘れてしまう場合もあります。このような場合は、以下の例のように**変数名**を明記して値を指定することも可能です。

```scss
@mixin style-C($width, $pad, $color) {
  width: $width;
  padding: $pad;
  color: $color;
}

.box {
  @include style-C(
    $color: red,
    $width: 450px,
    $pad: 20px 10px
  );
    ⋮
}
```

```css
.box {
  width: 450px;
  padding: 20px 10px;
  color: red;
    ⋮
}
```

　この方法で@includeを記述した場合は、**変数名：値**を好きな順番で記述できます。もちろん、ミックスインを定義するときに各変数の初期値を指定することも可能です。また、@includeでミックスインを取り込むときに、一部の変数だけ値の指定を省略しても構いません。値の指定を省略した変数は、初期値のまま書式指定が行われます。

■不要なプロパティをCSSに出力しない

　ミックスインで定義されているプロパティをCSSファイルに出力しないようにする手法も用意されています。『ミックスインを取り込んで書式を指定したいが、不要なプロパティが含まれている……』という場合に活用するとよいでしょう。特定のプロパティの出力を中止するときは、その変数の値に`null`を指定します。

　次ページの例では、ミックスインに width／height／background の3つのプロパティを定義しています。一方、このミックスインを取り込む@includeは、引数に(300px, null)という値が指定されています。この場合、heightを指定する変数`$h`の値は`null`になります。このように、**値が変数で指定されており、その変数の値が`null`となるプロパティ**は、CSSに出力されない仕組みになっています。

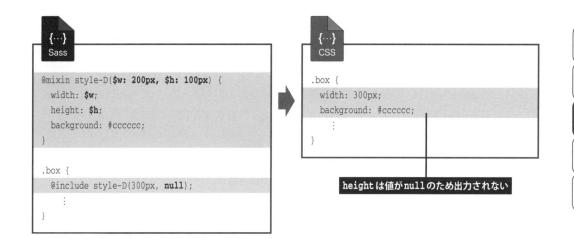

なお、この手法はミックスイン以外でも使用できます。以下の例では、変数$rの値がnullとなるため、border-radiusプロパティはCSSに出力されません。

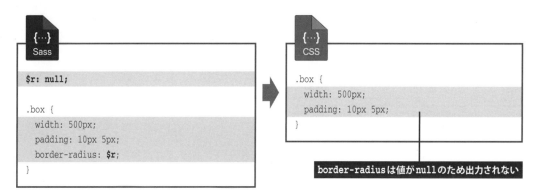

あまり意味のない記述方法のようにも見えますが、必要に応じてborder-radiusの有無を変化させたい場合に便利に活用できると思います。border-radiusの指定が必要になったときは、変数$rの値を5pxなどに変更すると、即座に角丸の書式指定を追加できます。Sassでプログラミング的な処理を行う場合にも活用できるので、ぜひ使い方を覚えておいてください。

3.1.4　ネスト用のミックスイン

　ネスト用の書式指定をミックスインで定義しておくことも可能です。たとえば、以下のようにミックスインを定義すると、「子要素となるp要素」の書式を指定できます。

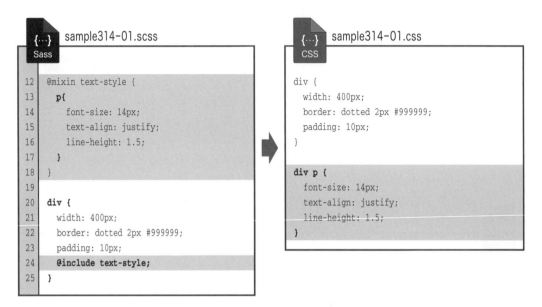

　この例では、p要素の文字サイズ／両端揃え／行間をミックスインで定義しています。このミックスインをdiv {……}の中で取り込むと、「div要素の中にあるp要素」の書式を指定できます。

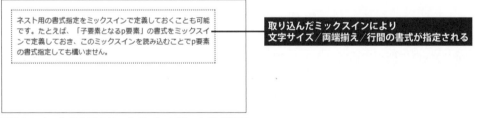

図3.1.4-1　ネスト用のミックスインを使った書式指定

　では、このp要素に文字色#666666の書式を追加したくなった場合はどうなるでしょう？次ページのようにp{……}をネストして記述しても構いませんが、この場合はdiv p {……}が2つ出力されてしまいます。

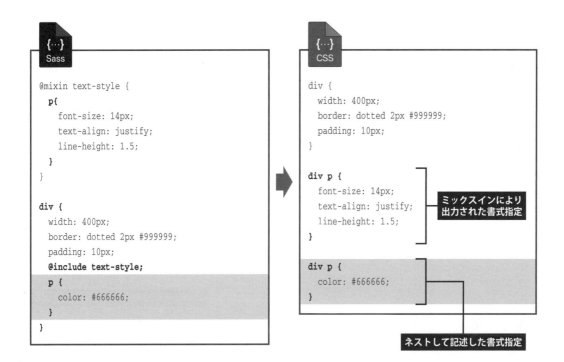

　書式指定そのものに問題はありませんが、div p {……} が2つに分割されているためCSSを読み取りづらくなります。また、若干ではありますが、CSSファイルの容量も増えてしまいます。このような場合は、3.1.5項で解説する **@content** を活用すると自然なCSSを出力できます。

3.1.5　@contentを指定したミックスイン

　ミックスインを定義するときに **@content** を記述しておくと、@contentの位置に書式指定を追加する形でCSSを出力できます。この場合は、

　　@include ミックスイン名 {……}

という記述でミックスインを取り込み、追加する書式を {……} の中に記述します。具体的な例で見ていきましょう。次ページに示した例は、「子要素となるp要素」の書式をミックスインで定義し、さらにp要素に文字色の書式を追加指定した場合の例です。

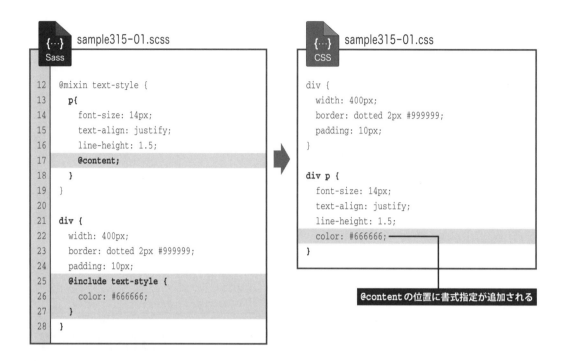

　この場合は@contentの位置に書式指定が追加されるため、div p {……}は1つしか出力されません。

　@contentを指定したミックスインは、**メディアクエリ**を記述する場合にも活用できます。@media {……}の記述をミックスインとして定義し、さらに最小幅の条件を引数で指定しておくと、メディアクエリを簡単に記述できるようになります。

```
45    @include media(769px) {
46      width: 600px;
47      img {
48        width: 300px;
49      }
50    }
51  }
```

```
@media only screen and (min-width: 769px) {
  .photo-box {
    width: 600px;
  }
  .photo-box img {
    width: 300px;
  }
}
```

　Sassファイルの8〜12行目がミックスインを定義している部分です。今回はミックスイン名を`media`と名付けました。ミックスインを使って`@media {……}`を取り込む場合は、あらかじめ定義しておく書式指定は特にありません。よって、`@media {……}`の中に`@content`だけを記述します。また、メディアクエリの条件を自由に変更できるように、`min-width`の値を変数`$w`の引数で指定しています。

　34行目以降は、このミックスインを使ってメディアクエリを記述した場合の例です。40〜44行目の`@include`では引数に`481px`を指定しているため、`(min-width: 481px)`の条件で`@media {……}`が出力されます。ここでは`.photo-box`の子要素となる`img`要素の書式を指定しています。

　同様に、45行目の`@include`は引数に`769px`を指定しているため、`(min-width: 769px)`の条件で`@media {……}`が出力されます。こちらは、`.photo-box`の書式指定と、その子要素となる`img`要素の書式を指定しています。

図3.1.5-1　ミックスインを使った@media {……}の出力（左：幅481px未満、中：幅481px以上、右：幅769px以上）

　このように引数を使って`@media {……}`のミックスインを定義しておくと、`min-width`の条件を自由に変更できるメディアクエリを手軽に記述できます。もちろん、本書のP130〜131で紹介した手法でメディアクエリを記述しても構いません。各自の好きな手法を採用するようにしてください。

3.2 スタイルの継承 @extend

Sassには、他のセレクタに指定した書式をそのまま引き継ぐことができる@extendというディレクティブが用意されています。続いては、この機能を使ってスタイルを継承する方法を解説します。

3.2.1 @extendを使ったスタイルの継承

　他の要素と似たような書式を指定するときに、**@extend**ディレクティブを使用することも可能です。ミックスイン（@include）が「あらかじめ定義しておいた書式指定」を取り込むのに対して、@extendは「他のセレクタに指定されている書式」を継承する機能となります。この機能を使用するときは、@extendに続けて継承元のセレクタを記述します。

　　`@extend セレクタ;`

　具体的な例を使って解説していきましょう。以下は、「h1要素に指定した書式」を継承してh2要素とh3要素の書式を指定した場合の例です。

sample321-01.scss
```scss
h1 {
    border-bottom: solid 3px #446611;
    margin-top: 0px;
    margin-bottom: 7px;
    color: #446611;
    line-height: 1.2;
    font-size: 32px;
}

h2 {
    @extend h1;
    margin-top: 30px;
    font-size: 24px;
}
```

sample321-01.css
```css
h1, h2, h3 {
    border-bottom: solid 3px #446611;
    margin-top: 0px;
    margin-bottom: 7px;
    color: #446611;
    line-height: 1.2;
    font-size: 32px;
}

h2 {
    margin-top: 30px;
    font-size: 24px;
}
```

```
27  h3 {
28    @extend h1;
29    margin-top: 30px;
30    font-size: 20px;
31  }
```

```
h3 {
  margin-top: 30px;
  font-size: 20px;
}
```

　h1要素には、下の枠線／上の外余白／下の外余白／文字色／行間／文字サイズの書式を指定しています（12〜19行目）。h2要素では「h1要素の書式指定」をそのまま取り込み（22行目）、さらに「上の外余白」と「文字サイズ」の書式を上書き指定しています（23〜24行目）。同様に、h3要素も「h1要素の書式指定」をそのまま取り込み、「上の外余白」と「文字サイズ」の書式を上書き指定しています（27〜31行目）。

　このように「似たような書式」を指定するときに、@extendで「他のセレクタの書式指定」を取り込むことも可能です。もちろん、一部のプロパティを上書きして、書式を微調整しても構いません。

　なお、今回の例では**要素名**のセレクタで指定されている書式を継承しましたが、**クラス名**や**ID名**のセレクタで指定されている書式も@extendで取り込むことが可能です。

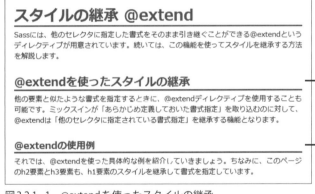

図3.2.1-1　@extendを使ったスタイルの継承

　ミックスインの場合と同様に、「似たような書式」を再利用する手法として活用できるでしょう。ただし、CSSの出力方法はミックスインと大きく異なります。

　@extendは継承元にセレクタを追記する形でCSSが出力されます。今回紹介した例の場合、h1 {……}の書式指定にh2とh3のセレクタが追記され、h1, h2, h3 {……}という形でCSSが出力されます。さらに、h2要素に追加した書式指定はh2 {……}、h3要素に追加した書式指定はh3 {……}として出力されます。

　同じ書式指定が重複して出力されないため、CSSファイルの容量を小さくできることが@extendの利点です。CSSファイルの容量を削減する手法としても活用できるでしょう。その反面、CSSファイルが読み取りづらくなるという欠点があります。今回の例の場合、h2要素とh3要素の書式指定が2つの{……}に分割されて出力されます。この傾向は@extendを使用す

ればするほど顕著になり、最終的にはCSSを読み取るのが困難になってしまうほど複雑な構成になる場合もあります。CSSファイルの可読性を重視する場合は、@extendの多用は避けた方がよいでしょう。一方、スタイルのシートの管理をすべてSassで行う場合は、多少CSSが読み取りづらくなっても構わないので、積極的に@extendを活用できると思います。

@extendを連鎖させて書式指定を継承することも可能です。たとえば、先ほどの例の場合、h3要素に指定したmargin-topは「h2要素の書式指定」と重複しています。よって、h2 {……}を継承元にしてh3要素の書式を指定しても構いません。

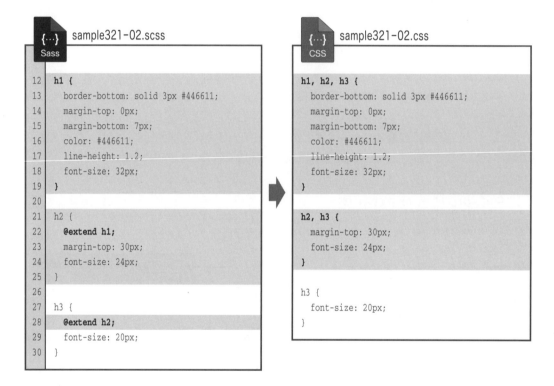

この場合はh1 → h2 → h3と書式指定が継承されていくため、h3要素でmargin-topの書式指定を省略できるようになります。その一方で、出力されるCSSの構成はさらに複雑になります。h3要素はh2要素を継承し、さらにh2要素がh1要素を継承するため、h3要素の書式指定は3つに分割されてしまいます。Sassの記述を1行省略できる効果はあるものの、正直な話、それほど便利とは思えません。むしろ、SassやCSSの構成が複雑になるため、デメリットのほうが大きいかもしれません。

@extendの連鎖が便利に活用できるケースもありますが、むやみに連鎖させると見通しの悪いスタイルシートになってしまいます。スタイルシートの見やすさも考えながら使用するようにしてください。

@extendの効果的な活用例としては、floatの回り込みを解除する**clearfix**を指定する場合などが挙げられます。clearfixは要素の見た目をデザインする書式指定ではないため、離れた場所に記述されていても大きな混乱は生じません。以下のように、クラスの書式としてclearfixを指定しておき、必要に応じて@extendで取り込むようにすると、効率よくSassを記述できると思います。

Sass:
```scss
.cleafix {
  &:after {
    display: table;
    content: "";
    clear: both;
  }
}
header {
  @extend .cleafix;
    ⋮
}

nav {
  @extend .cleafix;
    ⋮
}

#main {
  @extend .cleafix;
    ⋮
}
```

CSS:
```css
.cleafix:after, header:after, nav:after, #main:after {
  display: table;
  content: "";
  clear: both;
}

header {
  ⋮
}

nav {
  ⋮
}

#main {
  ⋮
}
```

ただし、`.cleafix:after {……}`に次々とセレクタが追加されていくため、CSSファイルの記述は読み取りづらくなります。場合によっては、何十個もセレクタが並ぶ状況になるかもしれません。今回の例では:afterだけを使った簡易的なclearfixを記述していますが、:beforeも使うclearfixの場合、セレクタの記述はさらに複雑化していきます。便利に活用できる手法ですが、欠点がない訳ではいことも認識しておいてください。

3.2.2　スタイルを継承するときの注意点

続いては、@extendでスタイルを継承するときの注意点を紹介しておきます。状況によっては予想外のトラブルに発展する場合もあるので、以下に示す内容をよく頭に入れてから@extendを活用するようにしてください。

■ 継承元が複数ある場合

まずは、**継承元の書式指定が複数ある場合**について解説します。この場合は、該当するセレクタの書式が全て継承されます。たとえば、以下の例のようにh1 {……}が2箇所あり、これを@extendで継承した場合は、2つのh1 {……}が両方とも継承されます。

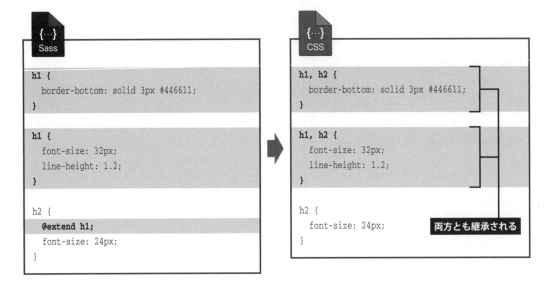

同じセレクタを2箇所に分けて記述するケースは少ないと思いますが、念のため覚えておく必要があるでしょう。

■ 子孫要素の書式を指定している場合

続いては、**子孫要素の書式指定**について解説します。次ページの例は、h1要素の書式を指定し、さらに「h1要素の中にあるstrong要素」についても書式を指定した場合の例です。この場合に@extendでh1要素を継承すると、h1 {……}とh1 strong {……}の両方が継承されます。

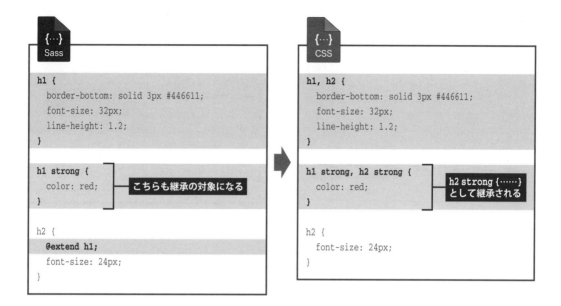

　よって、「h2要素の中にあるstrong要素」も文字色「赤」の書式が継承されることになります。このように、@extendは「子孫要素の書式指定」も継承の対象となります。これはネストを使ってSassを記述している場合も同様です。

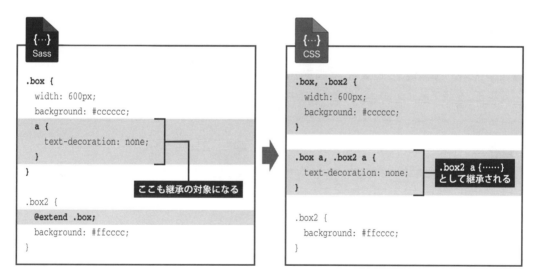

　さらに、子孫要素側のセレクタも継承の対象となることに注意しなければいけません。次ページの例は、p要素内にある「日付の文字」を"date"というクラスで書式指定した場合の例です。この書式指定を再利用して「時刻の文字」の書式を"time"というクラスに指定する場合を考えます。

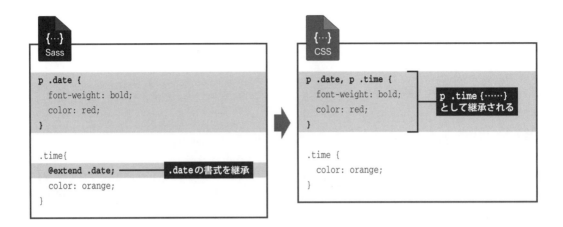

　この場合、親要素となるp要素を引き連れた形でスタイルの継承が行われます。よって、「時刻の文字」（.time）がp要素の外にあるときは、文字色「オレンジ色」の書式だけが指定されることになります。一方、「時刻の文字」（.time）がp要素の中にあるときは、.time {……}よりp .time {……}が優先されるため、「太字／赤色」の書式が指定されます。文字色「オレンジ色」の書式は指定されません。よって、いずれの場合も想定していた結果にはなりません。
　「○○の子孫となる△△」という記述方法は、頻繁に使用されるセレクタとなります。このセレクタに含まれる要素名やクラス名を@extendで継承すると、予想外の結果を招いてしまうことが多々あります。十分に注意するようにしてください。

■ セレクタが「要素名.クラス名」で指定されている場合
　要素名.クラス名というセレクタで書式指定を行う場合もあります。この場合は、クラス名だけが継承の対象となります。@extendに要素名を指定しても、スタイルは継承されません。

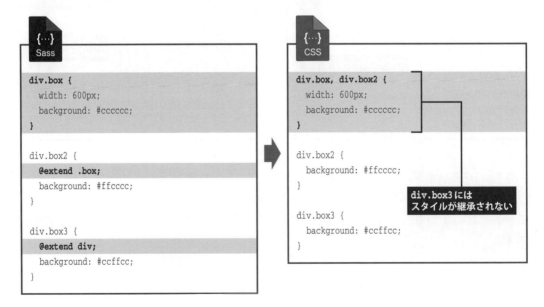

前ページの例の場合、div.box2 {……}は@extendにクラス名を指定しているため、スタイルの継承が行われます。一方、div.box3 {……}は@extendに要素名を指定しているため、スタイルの継承が無視されます。

■ メディアクエリを使用している場合

メディアクエリを使って書式を指定している場合も注意が必要です。状況によっては、コンパイル時にエラーが発生するかもしれません。たとえば、以下のようにSassを記述するとエラーが発生します。

```
h1 {
    width: 800px;
}

@media only screen and (min-width:769px) {
  h2 {
    @extend h1;
  }
}
```

```
（エラー）
※コンパイルされません
```

このような結果になるのは、@extendの継承元（h1）が同じディレクティブ内に記述されていないことが原因です。以下の例のように@media {……}が同じ状態になっていれば、正しくコンパイルすることができます。

```
@media only screen and (min-width: 769px) {
  h1 {
    width: 800px;
  }
}

@media only screen and (min-width: 769px) {
  h2 {
    @extend h1;
  }
}
```

```
@media only screen and (min-width: 769px) {
  h1, h2 {
    width: 800px;
  }
}
```

ただし、継承元が @media {……} の中にあっても、メディアクエリの条件が異なる場合は、エラーが発生してしまいます。

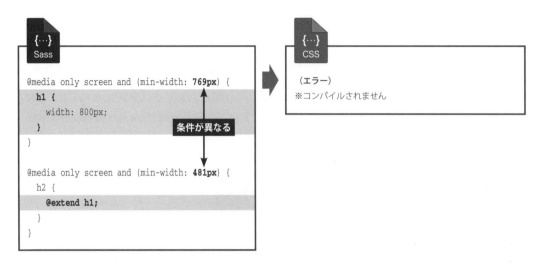

実際にスタイルシートを記述する際は、以下のように @media {……} をネストして記述するケースが多いと思います。この場合は正しくコンパイルを実行することが可能です。

ただし、構成が複雑になるため、スタイルシートの見通しは悪くなります。ただでさえメディアクエリを使った書式指定は複雑な構成になりがちです。よって、各自が理解できる範囲で@extendを使用するようにしてください。むやみに@extendを使うと、収拾不能な事態に陥ってしまう可能性があります。@extendの仕組みに十分に慣れてから活用したほうが無難といえるでしょう。

3.2.3 プレースホルダーセレクタ

@extendを使ってスタイルを継承するときに、継承元の書式を**プレースホルダーセレクタ**で指定しておく方法もあります。プレースホルダーセレクタはSass独自のセレクタで、セレクタ名を**%**（パーセント）の文字で始める決まりになっています。

たとえば、%kadomaruという名前でプレースホルダーセレクタを作成し、以下のように書式を指定したとします。この場合、コンパイルを実行してもCSSは何も出力されません。CSSには%で始まるセレクタが存在しないため、当然といえば当然の結果です。

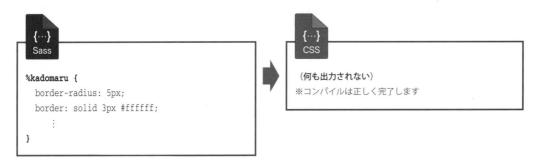

プレースホルダーセレクタを有効に機能させるには、@extendを使って他の要素に書式を継承しなければいけません。たとえば、以下のようにSassを記述して%kadomaru {……}の書式を継承すると、%kadomaruが「継承先のセレクタ」に置き換わってCSSが出力されます。

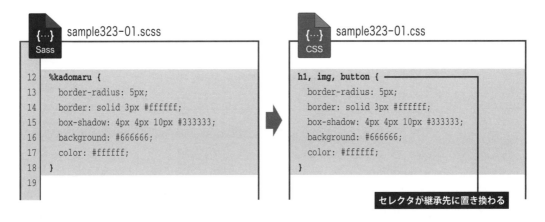

```
20  h1 {
21    @extend %kadomaru;
22    padding: 10px 15px;
23    font-size: 28px;
24    line-height: 1.2;
25  }
26
27  img{
28    @extend %kadomaru;
29    width: 250px;
30    padding: 0;
31  }
32
33  button {
34    @extend %kadomaru;
35    margin-right: 10px;
36    padding: 10px 25px;
37    font-weight: bold;
38  }
```

```
h1 {
  padding: 10px 15px;
  font-size: 28px;
  line-height: 1.2;
}

img {
  width: 250px;
  padding: 0;
}

button {
  margin-right: 10px;
  padding: 10px 25px;
  font-weight: bold;
}
```

今回の例では、h1要素、img要素、button要素で%kadomaruの書式指定を継承しています。よって、CSSに出力されるセレクタは、h1, img, button {……}となります。さらに、各要素に見た目を調整する書式を追加指定すると、h1、img、buttonの要素に同じデザインの書式を指定できます。

図3.2.3-1　プレースホルダーセレクタを使ったスタイルの継承

　ミックスインと似たような使い方になりますが、@extendの場合は書式指定が重複して出力されないため、コンパクトなCSSを得られます。

また、予想外の書式指定を継承する心配がないこともプレースホルダーセレクタの利点となります。3.2.2項で解説したように、@extendは様々なセレクタを継承の対象とします。「子孫要素の書式指定」に使われているセレクタも継承の対象となります。このため、「@extendに指定したセレクタ」が思わぬところで使用されていた場合に、全く予想外の場所から書式指定が継承される可能性があります。
　継承元にプレースホルダーセレクタを指定した場合は、このような問題は生じません。%で始まるセレクタは、要素名やクラス名のセレクタと区別して扱われるため、予想外の場所から書式指定が継承される心配はありません。

　このように、プレースホルダーセレクタは@extendと非常に相性のよいセレクタとなります。便利に活用できるので、ぜひ使い方を覚えておいてください。

「スタイルの継承」と「クラス名の列記」

　@extendは非常に便利な機能ですが、これと同様の仕組みをクラスで実現することも可能です。たとえば、先ほど例に挙げた%kadomaruをクラスの書式指定、すなわち.kadomaruに変更し、`<h1 class="kadomaru">`や`<img class="kadomaru">`のようにHTMLを記述しても同様の結果を得られます。すでに他のクラスを適用している場合も問題は生じません。`<h1 class="text-style kadomaru">`のようにクラス名を列記することで様々な状況に対応できます。
　「スタイルの継承」と「クラス名の列記」、どちらを採用するかは各自の自由です。いずれもオブジェクト指向のスタイルシートと考えられるでしょう。通常のCSSでは「クラス名の列記」しか選択肢がありませんが、Sassを使えば好きな方を選択できます。
　なるべくクラス名を減らした構成にしたい場合は、Sassの@extendが便利に活用できると思います。CSSファイルの容量を気にしないのであれば、可読性が高く、引数も使える@mixinと@includeの方が便利かもしれません。HTMLの記述にも関わる部分なので、それぞれの特長を上手に活かしながら、Webサイト全体の設計を考えるとよいでしょう。

3.3 Sassのインポート @import

続いては、他のSassファイルに記述されている書式指定を読み込む@importの使い方を解説します。スタイルシートを複数のファイルに分けて管理するときに必要となる機能なので、よく使い方を覚えておいてください。

3.3.1　Sassファイルのインポート

　Sassファイルの記述量が膨大になる場合は、Sassを複数のファイルに分割して管理しても構いません。この場合は「メインとなるSassファイル」から「他のSassファイル」を読み込んで利用します。

　他のSassファイルを読み込むときは **@import** を使用しますが、Sassの@importはCSSの **@import を拡張した機能**となるため、少し考え方が異なる部分があります。大きく分けて2つの機能があると考えると理解しやすいでしょう。

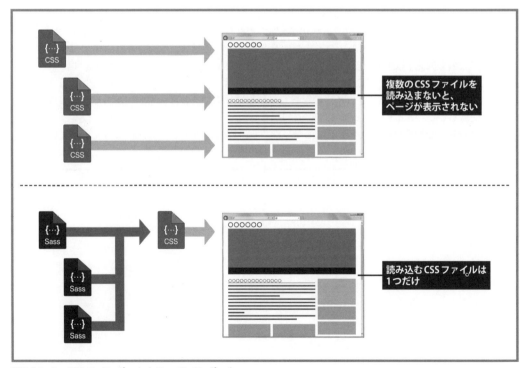

図3.3.1-1　CSSのインポートとSassのインポート

1つ目の機能はCSSファイルの読み込みです。この機能は通常のCSSと基本的に同じです。Webサーバに複数のCSSファイルを保存しておき、Webサイトの閲覧時に各CSSファイルを順番に読み込んで書式を指定する、という使い方です。ただし、CSSファイルのリクエストが何回も行われるため、Webページの表示が遅くなるという欠点があります。

2つ目の機能はSassファイルの読み込みです。こちらは「メインとなるSassファイル」から「他のSassファイル」を読み込んで利用する使い方で、Sassならではの機能となります。ここで注目すべきポイントは、Sassは最終的な成果物ではなく、CSSファイルを作成するためのメタ言語となることです。SassファイルをWebサーバにアップロードする訳ではありません。最終的に必要となるのはCSSファイルです。

@importを使ってSassファイルを読み込んだ場合、それぞれのSassファイルを結合した形で**CSSファイルが1つだけ出力されます**。このため、閲覧時に何回もCSSファイルがリクエストされることはありません。Sassを複数のファイルに分割していても、出力されるCSSファイルは1つだけです。よって、Web表示に大きな遅延が生じることはありません。

それでは、具体的な例でSassの@importの使い方を解説していきましょう。以下は、本書のP157～158で紹介したsample323-01.scssを@importで読み込んだ場合の例です。メインとなるSassファイル（sample331-01.scss）にはp要素の書式指定だけが記述されています。このSassファイルをコンパイルすると、右側に示したCSSファイルが出力されます。

sample331-01.scss
```scss
@charset "UTF-8";

// Sassファイルの読み込み
@import "../3-2/sample323-01.scss";

p{
  margin: 20px 5px;
  text-align: justify;
}
```

sample331-01.css
```css
* {
  margin: 0;
  padding: 0;
}

body {
  padding: 20px;
}

h1, img, button {
  border-radius: 5px;
  border: solid 3px #ffffff;
  box-shadow: 4px 4px 10px #333333;
  background: #666666;
  color: #ffffff;
}
    ⋮

p {
  margin: 20px 5px;
  text-align: justify;
}
```

（sample323-01.scssで指定した書式指定）

4行目の@importでSassファイルが読み込まれ、「sample323-01.scssに記述されている書式指定」と「p要素の書式指定」を結合した形でCSSファイルが出力されます。よって、p要素以外の書式も指定することが可能です。

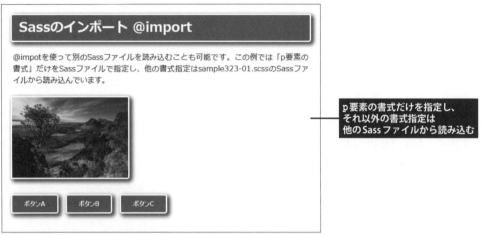

図3.3.1-2　Sassファイルをインポートして書式を指定

このように、@importを使うと「他のSassファイル」に記述されている書式指定を読み込んでCSSファイルを出力することが可能となります。今回の例はあまり実践的な例ではありませんが、「ページレイアウトだけを指定したSassファイル」、「リストの書式だけを指定したSassファイル」、「フォームの書式だけを指定したSassファイル」などを用意しておくと、スタイルシートを管理しやすくなると思います。また、様々なWebサイトにSassファイルを使いまわせることも利点となります。

ただし、@importを記述する位置に応じて、出力されるCSSファイルの内容が変化することに注意しなければいけません。以下の例は、「p要素の書式指定」を@importより前に記述し、さらに@importの後に「h1要素の書式指定」を追加した場合の例です。

sample331-02.scss
```scss
@charset "UTF-8";

p{
  margin: 20px 5px;
  text-align: justify;
}

// Sassファイルの読み込み
@import "../3-2/sample323-01.scss";
```

sample331-02.css
```css
p {
  margin: 20px 5px;
  text-align: justify;
}

* {
  margin: 0;
  padding: 0;
}
```

```
11  h1 {
12    background: white;
13    color: black;
14  }
```

```
body {
  padding: 20px;
}

h1, img, button {
  border-radius: 5px;
  border: solid 3px #ffffff;
  box-shadow: 4px 4px 10px #333333;
  background: #666666;
  color: #ffffff;
}
    ⋮

h1 {
  background: white;
  color: black;
}
```

sample323-01.scssで指定した書式指定

　この場合、「p要素の書式指定」→「sample323-01.scssの書式指定」→「h1要素の書式指定」という順番でCSSファイルが出力されます。よって、h1要素の背景色（background）と文字色（color）は値の上書きが行われます。

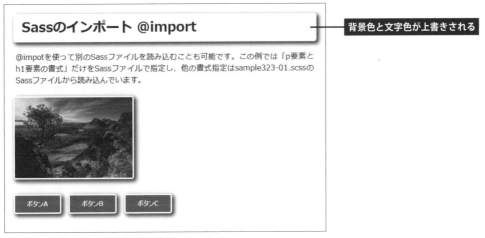

図3.3.1-3　Sassファイルをインポートする位置

　つまり、@importを記述した位置に「読み込んだSassファイルの書式指定」が展開される仕組みになっています。書式指定が重複する場合は「後に記述されている書式指定」で値が上書きされます。もちろん、この仕組みを利用して「読み込んだSassファイルの書式指定」を部分的に修正（上書き）することも可能です。

なお、@importでSassファイルを読み込むときに、複数のSassファイルを指定しても構いません。この場合は、以下のように**カンマ区切り**でそれぞれのファイル名を列記します。

```
@import "layout.scss", "forms.scss";
```

{……}の中に@importを記述した場合

@importを{……}の中に記述することも可能です。この場合は、書式指定がネストされて展開されるため、子孫要素の書式を「読み込んだSassファイル」で指定できるようになります。たとえば、以下のように@importを記述した場合は、nav要素の子孫要素の書式を「読み込んだSassファイル」で指定できるようになります。

```
nav {
  @import "menu.scss";
}
```

3.3.2　ファイルをインポートするときの注意点

続いては、@importを使用するときの注意点を紹介しておきます。たいていの場合、問題なく@importを使用できると思いますが、記述方法によっては「CSSファイルの読み込み」として処理される場合があることに注意してください。

■ 拡張子の省略

@importでSassファイルを読み込むときに、.scss（または.sass）の**拡張子を省略しても構いません**。たとえば、form.scssというSassファイルを読み込むときに、拡張子を省略して@import "form";と記述しても、問題なくform.scssを読み込むことができます。

なお、form.scssとform.cssの両方のファイルが存在している場合は、form.scssの読み込み（Sassファイルの読み込み）として処理されます。「CSSファイルを読み込む@import」として処理する場合は、必ず.cssの拡張子を記述しなければいけません。

■「CSSファイルの読み込み」として処理される場合

拡張子.cssを付けてファイル名を指定した場合は、当然ながら「CSSファイルを読み込む@import」として処理されます。この場合は**@import url(ファイル名);** の形式に変換されて、

CSSファイルの先頭に@importが出力されます。もちろん、「コンパイル後のCSSファイル」だけでなく「読み込まれるCSSファイル」もWebサーバにアップロードしておく必要があります。以下の例の場合、form.cssもWebサーバにアップロードしなければいけません。

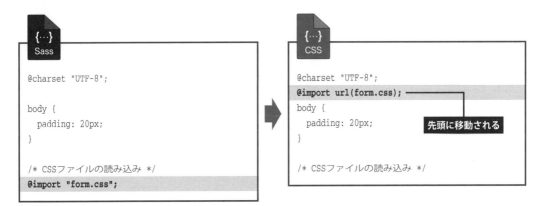

そのほか、以下の形式で@importを記述した場合も「CSSファイルを読み込む@import」として処理されます。

- `@import url( )`の形式で記述した場合
- `http://`などで始まる**絶対パス**を使用した場合
- **メディアタイプ**を追加した場合

よって、「Sassファイルを読み込む@import」を記述するときは、`@import "ファイル名";`という形式で、**相対パス**を使ってファイルの位置を指定しなければいけません。また、メディアタイプを指定するとコンパイル時にエラーが発生する場合があります。注意するようにしてください。

■ ファイルが見つからない場合

`@import "ファイル名";`の形式で記述する場合も少しだけ注意が必要です。文末の;（セミコロン）を記述し忘れるとエラーが発生します。また、指定したファイルが見つからなかった場合も、当然ながらエラーが発生します。ただし、ファイル名に.cssの拡張子を付けている場合は、ファイルが存在しなくてもエラーは起きません。

拡張子の記述を省略するときは、さらに注意が必要です。指定した名前のSassファイルが存在せず、同名のCSSファイルだけが存在していた場合はエラーは発生しません。この場合、CSSファイルの記述内容がSass内に展開されてコンパイルされます。つまり、Sassファイルを読み込んだときと同じ状態になります。

この仕組みを利用してCSSファイルをSassファイルのように扱うことも可能ですが、かなり特殊な使い方と言わざるを得ません。不要な混乱を避けたいのであれば、拡張子を省略しない

で記述するべきです。なお、既存のCSSファイルをSassファイルとして読み込みたい場合は、CSSファイルをコピーして拡張子を.scssに変更し、このSassファイルを`@import`で読み込むのが基本となります。

3.3.3　インポートを活用したスタイルの継承

続いては、より実践的な例で`@import`の活用方法を紹介していきましょう。`@import`により読み込まれる内容は、通常の書式指定だけでなく、**変数**や**ミックスインの定義**、**プレースホルダーセレクタ**なども対象になります。よって、読み込まれたSassファイルに定義されている変数を利用したり、ミックスインを取り込んだりすることが可能です。

以下は、waku.sassというSassファイルを`@import`で読み込んでフォームの書式を指定した場合の例です。まずは、読み込まれるwaku.sassの記述内容から紹介していきます。

```scss
$iro: #f07e7e;

%kadomaru {
    border-radius: 5px;
    border: solid 2px $iro;
    padding: 5px;
}

%sikaku {
    border: solid 2px $iro;
    padding: 5px;
}

%kage {
    border-radius: 5px;
    border: solid 2px $iro;
    box-shadow: 3px 3px 8px #666666;
    padding: 5px;
}
```

ここには、3種類の「枠線を描画する書式指定」がプレースホルダーセレクタで指定されています。`%kadomaru`は「角丸の枠線」、`%sikaku`は「四角の枠線」、`%kage`は「角丸＆影の枠線」を描画する書式指定です。1行目の変数`$iro`は「枠線の色」を指定する変数です。この変数の値を変更することで「枠線の色」を自由に変更できます。

続いて、HTMLの記述、メインとなるSassファイルの記述、ならびにコンパイル後のCSSファイルを示します。

sample333-01.html

```html
12  <h1>プレゼント応募フォーム</h1>
13
14  <form id="present" >
15    <label for="name">名前：</label>
16    <input type="text" name="name" size="15">
17    <label for="mail">メールアドレス：</label>
18    <input type="email" name="mail" size="40">
19    <label for="comment">コメント：</label>
20    <textarea name="comment" cols="50" rows="5"></textarea>
21    <br><br>
22    <input type="submit"  value="送信">
23  </form>
```

sample333-01.scss

```scss
12  @import "waku.scss";
13
14  h1 {
15    border-bottom: solid 3px $iro;
16    color: $iro;
17    line-height: 1.2;
18  }
19
20  #present {
21    label {
22      display: block;
23      margin-top: 25px;
24    }
25    input, textarea {
26      @extend %kadomaru;
27    }
28    input[type="submit"] {
29      background: $iro;
30      padding: 7px 20px;
31      color: white;
32      font-weight: bold;
33    }
34  }
```

sample333-01.css

```css
#present input, #present textarea {
  border-radius: 5px;
  border: solid 2px #f07e7e;
  padding: 5px;
}

h1 {
  border-bottom: solid 3px #f07e7e;
  color: #f07e7e;
  line-height: 1.2;
}

#present label {
  display: block;
  margin-top: 25px;
}

#present input[type="submit"] {
  background: #f07e7e;
  padding: 7px 20px;
  color: white;
  font-weight: bold;
}
```

12行目にある@importでwaku.scssのSassファイルを読み込んでいます。その結果、%kadomaru、%sikaku、%kageのスタイルを継承することが可能となります。また、変数$iroも使用できるようになります。

　14～18行目は、h1要素の書式指定です。「枠線の色」と「文字色」の指定に変数$iroを利用しています。この変数は「読み込まれたSassファイル」に定義されている変数となります。

　20行目以降はフォームの書式指定となります。21～24行目はlabel要素の書式指定です。displayにblockを指定することで、label要素をブロックレベル要素として扱っています（ラベルをテキストボックスなどの上に配置します）。

　25～27行目は、input要素とtextarea要素の書式指定です。@extendで%kadomaruを継承することにより「角丸の枠線」の書式を指定しています。

　28～33行目は、フォーム内にあるボタンの書式指定です。こちらもinput要素で作成されているため、[type="submit"]の属性セレクタを追加して、対象となる要素をボタンに限定しています。背景色／内余白／文字色／太字の書式を指定してボタンの見た目を調整しています。ここでも「背景色」の指定に変数$iroを利用しています。

図3.3.3-1　Sassファイルのインポートを活用した書式指定

　なお、今回の例では、3つあるプレースホルダーセレクタのうち%kadomaruしか利用していないため、%sikakuと%kageに定義されている書式指定はCSSファイルに出力されません。つまり、「読み込んだSassファイル」から必要な部分だけを抜き出したCSSファイルを作成できる訳です。これはミックスインを使用した場合も同様です。

　このように、デザインパーツとなる書式指定をプレースホルダーセレクタやミックスインで定義しておくと、そのSassファイルを様々なサイトで活用できるようになります。必要な部分だけが抜き出されるため、不要な記述がCSS出力される心配はありません。今回の例では最低限の書式だけを定義したSassファイル（waku.scss）を用意しましたが、より複雑な書式指定を行う場合などに、デザインパーツのSassファイルが便利に活用できると思います。

たとえば、「横並びで配置するリストの書式指定」、「SNSのシェアボタンの書式指定」、「独自に作成したリセットCSS」などのSassファイルを用意しておくと重宝するかもしれません。ユニークな使い方としては、「よく使う色」や「メディアクエリの条件」を変数にまとめた「変数定義だけのSassファイル」も便利に活用できると思います。工夫次第でスタイルシートの記述を大幅にスピードアップできるので、各自でも`@import`の上手な使い方を探してみてください。

3.3.4　パーシャルファイルの活用

最後に、Sassファイルを**パーシャルファイル**として扱う方法を紹介しておきます。パーシャルファイルとは、CSSに自動コンパイルされないSassファイルのことを指します。

3.3.3項で紹介した例では、デザインパーツ用のSassファイルとして、waku.scssというSassファイルを作成しました。もちろん、このSassファイルの記述中もコンパイラは機能するため、waku.cssというCSSファイルが自動的に作成されます。しかし、このwaku.cssを実際に使用する機会はありません。しかも、このSassファイルには変数とプレースホルダーセレクタの定義しか記述されていないため、コンパイル後のwaku.cssは内容が空のファイルになってしまいます。

このように、`@import`で読み込まれるSassファイルは、CSSにコンパイルしても無意味な場合が多々あります。むしろ、余計なCSSファイルが存在することで混乱を招く可能性があります。このような場合に活用できるのがパーシャルファイルです。ファイル名の先頭に_（アンダースコア）付けてSassファイルを作成すると、自動コンパイル機能が無効化されます。先ほどの例の場合、_waku.scssという名前でSassファイルを作成しておくと、自動コンパイルが無効になるため、_waku.cssは作成されなくなります。

なお、パーシャルファイルのSassを`@import`で読み込むときは、先頭の_（アンダースコア）の記述を省略してもよい決まりになっています。たとえば、`@import "waku.scss";`と記述して_waku.scssのパーシャルファイルを読み込むことも可能です。さらに、拡張子の記述も省略し、`@import "waku";`と記述しても構いません。

ただし、数文字の記述を省略できる効果しかないため、積極的に利用する理由は特に見当たりません。不要な混乱を避けたいのであれば、正式なファイル名を記述しておいたほうが無難であると思われます。

「Prepros」の自動コンパイル機能について

　コンパイラに「Prepros」を使用している場合は、_（アンダースコア）を付けたパーシャルファイルにしても自動コンパイルが有効に機能してしまう場合があります。その一方で、「@importにより読み込まれるSassファイル」と認識された場合に、自動コンパイルを勝手に無効化する機能も装備されています。この場合、通常のSassファイルであっても自動コンパイルは機能しなくなります。

　「@importにより読み込まれるSassファイル」として認識された場合は、以下の図のような設定画面が表示されます。このSassファイルをコンパイルするには、右下にある［Process File］ボタンをクリックしなければいけません。Sassの仕様とは少し動作が異なるので、注意するようにしてください。

第 4 章

プログラミング的な処理

第 4 章では、「条件分岐」や「繰り返し」といったプログラミング的な処理を使って書式を指定する方法を解説します。プログラミングに慣れていない方には少し難しい内容かもしれませんが、便利に活用できる場合もあるので、ぜひチャレンジしてみてください。

4.1 条件分岐 @if

@ifは、指定した条件に応じて処理内容を変化させることができるディレクティブです。色々なパターンの書式指定を用意しておき、状況に応じて採用する書式指定を変更する場合などに活用できると思います。

4.1.1 条件分岐と比較演算子

　指定した条件に応じて処理内容を変化させるときは、**@if**というディレクティブを使用します。通常、条件の指定には変数を利用するのが一般的です。たとえば、$a > 5と条件を記述すると、「変数aが5より大きい場合」のみ処理が実行されるようになります。

　このように、2つの値を比較するときに記述する記号のことを**比較演算子**といいます。Sassでは、以下に示した6種類の比較演算子を使用できます。

■比較演算子

記号	記述例	比較条件
>	$a > 5	変数$aの値が5より大きい場合
<	$a < 5	変数$aの値が5より小さい場合
>=	$a >= 5	変数$aの値が5以上の場合
<=	$a <= 5	変数$aの値が5以下の場合
==	$a == 5	変数$aの値が5の場合
!=	$a != 5	変数$aの値が5ではない場合

　比較演算子の左右には、**数値**または**数値型の変数**を記述します。先ほど示した$a > 5のように、一方を変数、もう一方を数値で記述しても構いませんし、$a > $bのように両方とも変数で記述しても構いません。もちろん、5 > 3のように両方とも数値で記述することも可能ですが、当たり前の比較条件になってしまうため、実際に使用するケースはほとんどありません。

　比較演算子に**==**または**!=**を使用する場合は、**色や文字列の比較**を行うことも可能です。たとえば、$a == "OK"と記述した場合は「変数$aの値が"OK"の場合」という条件を指定できます。同様に、$a != "OK"と記述した場合は「変数$aの値が"OK"でない場合」という条件が指定されます。このとき、引用符の有無は比較の対象とならないため、OK（引用符なし）と"OK"（引用符あり）は同じ文字として扱われます。

なお、プログラミング系言語の世界では、条件を満たす場合のことを**true**（真）、条件を満たさない場合のことを**false**（偽）と呼びます。合わせて覚えておくようにしてください。

> **論理演算子**
>
> 　複数の条件をand（かつ）やor（または）で結ぶ論理演算子も使用できます。たとえば、$a >= 5 and $a <= 10と記述すると、「変数aの値が5以上かつ10以下の場合」という条件を指定できます。同様に、$a >= 10 or $a <= 5と記述した場合は「変数aの値が10以上または5以下の場合」という条件を指定できます。

4.1.2　条件を満たす場合のみ処理を実行

　それでは、具体的な例を使って@ifの使い方を解説していきましょう。まずは条件を満たす場合のみ処理を行う方法を解説します。この場合は、以下のようにSassを記述します。

```
@if 条件 {
    （条件を満たす場合の処理）
}
```

　以下は、h1要素のデザインを2パターン作成し、採用するデザインを手軽に切り替えられるようにした場合の例です。この手法は、どちらのデザインにしようか決めかねているときに活用できると思います。

sample412-01.scss
```scss
12  h1 {
13      width: 560px;
14      margin-bottom: 20px;
15      padding: 10px 15px 7px;
16      border-radius: 5px;
17      border: solid 5px #ffffff;
18      box-shadow: 4px 4px 10px #333333;
19      background: #666666;
20      color: #ffffff;
21      font-size: 26px;
22      line-height: 1.2;
23  }
```

sample412-01.css
```css
h1 {
    width: 560px;
    margin-bottom: 20px;
    padding: 10px 15px 7px;
    border-radius: 5px;
    border: solid 5px #ffffff;
    box-shadow: 4px 4px 10px #333333;
    background: #666666;
    color: #ffffff;
    font-size: 26px;
    line-height: 1.2;
}
```

```
24
25    $h1-change: 1;
26
27    @if $h1-change == 2 {
28      h1{
29        border-radius: 0px 15px 0px 15px;
30        border: solid 5px #000000;
31        background: #ffffff;
32        color: #000000;
33      }
34    }
```

　Sassファイルの12～23行目は、1パターン目のh1要素のデザインを指定する書式指定です。角丸の枠線で囲み、影を付ける書式を指定しています。

　25行目にある変数$h1-changeは、パターンを切り替えるための変数です。変数の値が1の場合は1パターン目のデザイン、変数の値が2の場合は2パターン目のデザインでh1要素が表示されます。

　27～34行目は、変数$h1-changeの値が2の場合（$h1-change == 2）にのみ有効となる書式指定です。h1要素の角丸／枠線／背景色／文字色を変更することにより2パターン目のデザインを指定しています。

　今回の例では変数$h1-changeの値に1が定義されているため、$h1-change == 2の条件を満たしていません。よって、28～33行目に記述した内容は無視されます。その結果、1パターン目のデザインでh1要素が表示されます。

条件分岐 @if

この例では、h1要素に2種類のデザインを用意しています。デザインを切り替えるときは、変数$h1-changeの値を操作します。変数の値を2にすると、2番目のデザインでh1要素が表示されます。

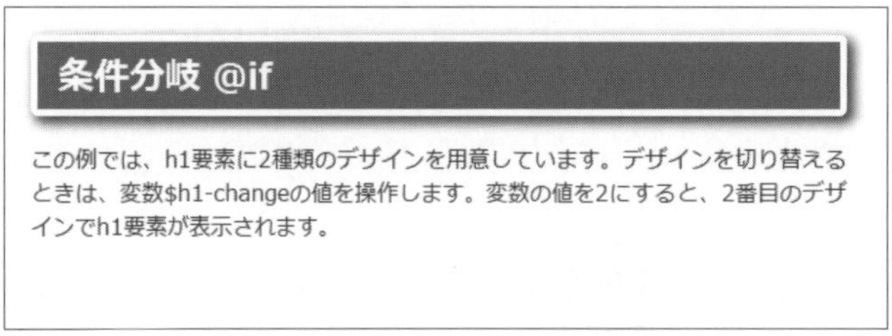

図4.1.2-1　$h1-changeの値が2以外の場合

　2パターン目のデザインでh1要素を表示したい場合は、変数$h1-changeの値を2に変更します。すると、28～33行目に記述した内容が有効になり、h1要素の角丸／枠線／背景色／文字色を上書きする書式指定が出力されます。その結果、h1要素のデザインが図4.1.2-2のように変更されます。

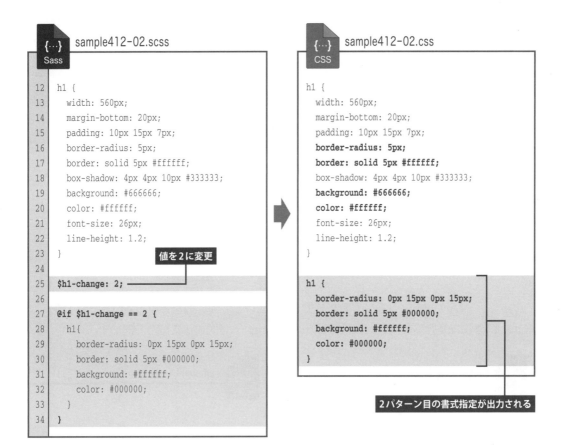

図4.1.2-2　$h1-changeの値が2の場合

　このように@if {……}の中にデザイン変更用の書式指定を記述しておくと、変数の値を変更するだけで、2種類のデザインを手軽に切り替えられるようになります。
　各プロパティの前に//を記述してコメントアウトする方法も考えられますが、この場合は//の挿入（または削除）をあちこちで行わなければいけません。よって、ここで紹介した手法の方が、効率よくデザインを切り替えられます。

4.1.3　条件に応じて処理を分岐する場合

条件を満たさなかった場合の処理を記述することも可能です。この場合は`@else`ディレクティブを追加して、以下のようにSassを記述します。

```
@if 条件 {
    （条件を満たす場合の処理）
}
@else {
    （条件を満たさない場合の処理）
}
```

今回も「2種類のデザインを切り替える場合」を例にして使い方を解説していきましょう。以下は、4.1.2項で紹介した例と同じ処理を、`@if`と`@else`で記述した場合の例です。

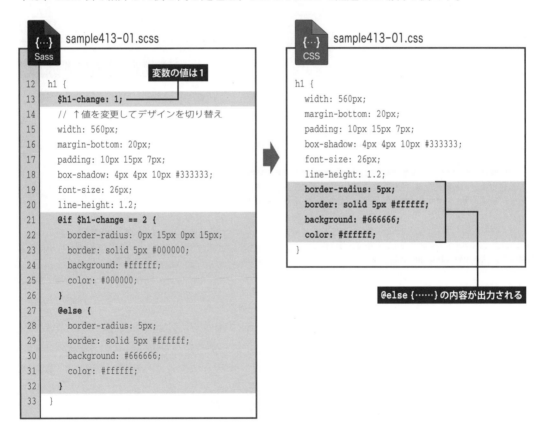

デザイン切り替え用の変数`$h1-change`はh1要素だけに関わる変数となるため、ローカル変数にしても問題は生じません。よって、今回はh1 {……}の中で変数を定義しています。

15～20行目は、2種類のデザインに共通する書式指定です。続いて、各パターンの書式指定を@if {……} と @else {……} の中に記述していきます。

21～26行目は、変数$h1-changeが2の場合（$h1-change == 2）、すなわち2パターン目の書式指定となります。今回は、h1 {……} の中に@ifを記述しているので、改めてh1 {……} を記述する必要はありません。

27～32行目は、変数$h1-changeが2でなかった場合、すなわち1パターン目の書式指定となります。こちらもh1 {……} の中にあるため、改めてh1 {……} を記述する必要はありません。

なお、今回の例では変数$h1-changeの値に1が定義されているため、$h1-change == 2 の条件を満たしていません。よって、@else {……} に記述した内容だけが有効になります。その結果、1パターン目のデザインでh1要素が表示されます。

図4.1.3-1　$h1-changeの値が2以外の場合

2パターン目のデザインでh1要素を表示したい場合は、変数$h1-changeの値を2に変更します。すると、@if {……} に記述した内容だけが有効になり、h1 {……} の出力が以下のように変化します。その結果、2パターン目のデザインでh1要素が表示されます。

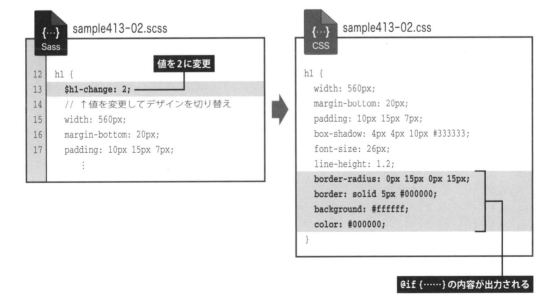

条件分岐 @if

この例では、h1要素に2種類のデザインを用意しています。デザインを切り替えるときは、変数$h1-changeの値を操作します。変数の値を2にすると、2番目のデザインでh1要素が表示されます。

図4.1.3-2　$h1-changeの値が2の場合

　4.1.2項で紹介した例と同じ処理を実現するSassとなりますが、今回紹介した手法の方がデザイン決定後の作業は楽になります。

　たとえば、パターン2のデザインに決定したときの作業を考えてみましょう。4.1.2項で紹介した例の場合、通常のh1 {……}と@if内のh1 {……}を見比べながら、同じプロパティが重複しないようにh1 {……}を書き直さなければいけません。一方、今回紹介した例の場合、@else {……}の記述を全て削除し、「@ifの行」と「不要な}」を削除するだけで、最終的なh1 {……}を得ることができます。逆に、パターン1のデザインを採用するときは、@if {……}の記述を全て削除し、「@elseの行」と「不要な}」を削除するだけで作業を完了できます。そのほか、変数$h1-changeの定義も不要になりますが、これは両者に共通する作業となるため、どちらの手法を使っても手間は同じです。

　このように@ifと@elseを使った方が、後の作業が楽になるケースが多くあります。2つのデザインを見比べながらWeb制作を進めていくテクニックとして、覚えておくと役に立つでしょう。

　@ifと@elseを活用した例をもう一つ紹介しておきましょう。以下の例は、背景色に応じて文字色（黒色／白色）を自動的に変化させる場合の例です。

```scss
h1 {
  $h1-bgColor: #447711;
  // ↑背景色の指定
  width: 580px;
  margin-bottom: 15px;
  background: $h1-bgColor;
  padding: 80px 10px 7px;
  text-align: right;
  font: bold 24px sans-serif;
  line-height: 1.2;
  letter-spacing: 1.5px;
  @if lightness($h1-bgColor) > 50% {
    color: black;
  }
```

```
26    @else {
27      color: white;
28    }
29  }
```

　この例では、背景色の指定に$h1-bgColorという変数を使用しています（13行目）。この変数をもとに、文字色を自動指定する処理を23～28行目で行っています。

　この際に注意すべきポイントは、$h1-bgColorが**色の変数**になることです。「色の変数」は「数値型の変数」ではないため、>や<などの比較演算子を使用できません。そこで、関数を**lightness()**を使って色の明度を取得し、色を数値化しています。これで数値の比較として条件を記述できるようになります。

　今回は明度50%を分岐点とし、50%より明るい場合は文字色「黒色」、そうでない場合は文字色「白色」を指定しています。$h1-bgColorに定義されている#447711は明度50%以下の「暗い色」となるため、今回の例では文字色「白色」が指定されることになります。

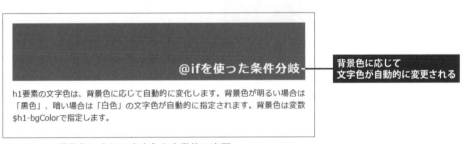

図4.1.3-3　背景色に応じて文字色を自動的に変更

　この手法を使うと、背景色に応じて文字色を自動調整できるようになります。実際に動作を試してみたい方は、sample413-03.scssをテキストエディタで開き、$h1-bgColorに様々な色を定義してみるとよいでしょう。定義した色の明るさに応じて、文字色が「黒色」または「白色」に変化するのを確認できると思います。

4.1.4　処理を3つ以上に分岐する場合

@ifと@elseを使って処理を3つ以上に分岐させることも可能です。この場合は、@elseに続けて再び@if {……}を記述します。たとえば、処理を3つに分岐させるときは、以下のようにSassを記述します。

```
@if 条件1 {
    (処理A)    ──── 条件1を満たす場合の処理
}
@else if 条件2 {
    (処理B)    ──── 条件1は満たさないが、
                    条件2を満たす場合の処理
}
@else {
    (処理C)    ──── 条件1、条件2ともに
                    満たさない場合の処理
}
```

《条件1》を満たしている場合は「処理A」が有効になり、「処理B」と「処理C」は無視されます。《条件1》を満たさなかった場合は、《条件2》で分岐処理が行われます。《条件2》を満たしている場合は「処理B」だけが有効になり、《条件2》も満たしていなかった場合は「処理C」だけが有効になります。

具体的な例で解説していきましょう。まずは、HTMLの記述から紹介します。クラス名が"pic-box"のdiv要素の中に12個のimg要素（画像）を配置しています。それぞれのimg要素にはID名が付けられていますが、クラス名は指定されていません。よって、個々の画像に書式を指定するには、ID名のセレクタを使って書式を指定する必要があります。

```html
sample414-01.scss
12   <h1>@ifと@mixinを使った画像の配置</h1>
13   <div class="pic-box">
14       <img id="pic01" src="img/pic01.jpg">
15       <img id="pic02" src="img/pic02.jpg">
16       <img id="pic03" src="img/pic03.jpg">
17       <img id="pic04" src="img/pic04.jpg">
            ︙
23       <img id="pic10" src="img/pic10.jpg">
24       <img id="pic11" src="img/pic11.jpg">
25       <img id="pic12" src="img/pic12.jpg">
26   </div>
```

使用した画像ファイル

続いて、Sassファイルとコンパイル後のCSSファイルを示します。今回の例では、**ミックスインを定義する`@mixin {……}`**の中に条件分岐を記述しました。条件の判定に使用される変数$placeは、**`@include`**でミックスインを取り込む際に引数として渡されます。

sample414-01.scss

```scss
.pic-box {
  width: 600px;
  border: solid 10px #ffffff;
  @extend %clearfix;
  img {
    display: block;
  }
}

@mixin PicPos($place) {
  @if $place == L100 {
    float: left;
    height: 100px;
  }
  @else if $place == L200 {
    float: left;
    height: 200px;
  }
  @else if $place == R100 {
    float: right;
    height: 100px;
  }
  @else if $place == R200 {
    float: right;
    height: 200px;
  }
  @else {
    display: none;
  }
}

#pic01 { @include PicPos(L100); }
#pic02 { @include PicPos(R200); }
#pic03 { @include PicPos(not); }
#pic04 { @include PicPos(L100); }
#pic05 { @include PicPos(L100); }
#pic06 { @include PicPos(R100); }
#pic07 { @include PicPos(R100); }
#pic08 { @include PicPos(L200); }
#pic09 { @include PicPos(not); }
#pic10 { @include PicPos(L100); }
#pic11 { @include PicPos(R100); }
#pic12 { @include PicPos(L100); }
```

sample414-01.css

```css
.pic-box {
  width: 600px;
  border: solid 10px #ffffff;
}

.pic-box img {
  display: block;
}

#pic01 {
  float: left;
  height: 100px;
}

#pic02 {
  float: right;
  height: 200px;
}

#pic03 {
  display: none;
}

#pic04 {
  float: left;
  height: 100px;
}

⋮

#pic11 {
  float: right;
  height: 100px;
}

#pic12 {
  float: left;
  height: 100px;
}
```

20〜27行目は、画像を囲むdiv要素（.pic-box）と、その中にあるimg要素の書式指定です。div要素の幅に600pxを指定し、枠線を描画しています（21〜22行目）。また、23行目でfloatを解除するclearfixを@extendで継承しています[※1]。div要素内にあるimg要素にはdisplay: block;を指定し、各画像をブロックレベル要素として扱います。

29〜49行は、条件に応じて処理を分岐するミックインとなります。今回は条件に応じて処理を5つに分岐しました。変数$placeの値がL100の場合は31〜32行目の記述が有効になるため、「左寄せの回り込み／高さ100px」の書式が指定されます。同様に、変数$placeがL200の場合は「左寄せの回り込み／高さ200px」の書式が指定されます。以降も同様に、変数$placeの値に応じて以下の書式が指定される仕組みになっています。

- $placeが**L100**の場合 ……… **左寄せ**の回り込み／高さ**100px** （31〜32行目）
- $placeが**L200**の場合 ……… **左寄せ**の回り込み／高さ**200px** （35〜36行目）
- $placeが**R100**の場合 ……… **右寄せ**の回り込み／高さ**100px** （39〜40行目）
- $placeが**R200**の場合 ……… **右寄せ**の回り込み／高さ**200px** （43〜44行目）
- それ以外の場合 ……………… **表示しない** （47行目）

変数$placeの値は、51〜62行目にある@includeでミックスインを取り込むときに**引数**として渡されます。たとえば、51行目の#pic01は引数にL100が指定されているため、「左寄せの回り込み／高さ100px」の書式が取り込まれます。同様に、#pic02は引数にR200が指定されているため、「右寄せの回り込み／高さ200px」の書式が取り込まれます。#pic03は引数にnotが指定されています。この場合、いずれの条件も満たさないため、display: none;の書式が指定されます。よって、ID名が"pic3"の画像は表示されません。

このように@includeの引数を変化させることで、各画像の書式を個別に指定しています。sample414-01.scssのように引数を指定した場合、各画像は図4.1.4-1のように配置されます。

（※1）ここで継承されるスタイル（%clearfix）は、Sassファイルの14〜18行目に記述されています。

図4.1.4-1　ミックスインを活用した条件分岐

もちろん、引数の値を変更して画像の配置をコントロールすることも可能です。たとえば、以下のように引数を指定すると、図4.1.4-2のように画像の配置を変更できます。

sample414-02.scss

```scss
@mixin PicPos($place) {
  @if $place == L100 {
    float: left;
    height: 100px;
  }
  @else if $place == L200 {
    float: left;
    height: 200px;
  }
  @else if $place == R100 {
    float: right;
    height: 100px;
  }
  @else if $place == R200 {
    float: right;
    height: 200px;
  }
  @else {
    display: none;
  }
}

#pic01 { @include PicPos(L200); }
#pic02 { @include PicPos(L100); }
#pic03 { @include PicPos(L100); }
#pic04 { @include PicPos(R200); }
#pic05 { @include PicPos(R100); }
#pic06 { @include PicPos(R100); }
#pic07 { @include PicPos(L200); }
#pic08 { @include PicPos(L100); }
#pic09 { @include PicPos(L100); }
#pic10 { @include PicPos(L100); }
#pic11 { @include PicPos(L100); }
#pic12 { @include PicPos(non); }
```

sample414-02.css

```css
#pic01 {
  float: left;
  height: 200px;
}

#pic02 {
  float: left;
  height: 100px;
}

#pic03 {
  float: left;
  height: 100px;
}

#pic04 {
  float: right;
  height: 200px;
}

  ⋮

#pic09 {
  float: left;
  height: 100px;
}

#pic10 {
  float: left;
  height: 100px;
}

#pic11 {
  float: left;
  height: 100px;
}

#pic12 {
  display: none;
}
```

図4.1.4-2　引数の値を変更した場合

　このSassの便利な点は、引数の値を調整するだけで各画像の配置を変更できることです。ただし、floatとheightだけで画像の配置を操作しているため、自由自在にレイアウトを変更できる、というレベルには達していません。状況によっては「何も表示されない空白スペース」が生じる場合があります。興味がある方は、実際に引数を変更してみて、レイアウトがどのように変化するか確認してみるとよいでしょう。左寄せ／右寄せの回り込みが少々複雑になりますが、よく考えながら引数を指定すると、ある程度は画像の配置をコントロールできると思います。

　なお、今回の例では#pic12の引数にnonを指定していますが、この場合も「それ以外の場合」で条件分岐が処理されます。よって、#pic12の画像は表示されません。引数の値として意味を持つのは、L100、L200、R100、R200の4種類だけです。他の値は全て「それ以外の場合」として処理されます。

　ミックスインと@if、@elseを組み合わせた手法は、よく使用されるテクニックの一つとなります。様々な場面に応用できるので、その仕組みをよく理解しておいてください。
　もちろん、各要素（今回の例の場合はimg要素）にクラス名を指定して、同様の処理を実現することも可能です。むしろ、クラス名を使う手法の方が「スタンダードな手法」といえるでしょう。しかし、HTMLが自動出力される場合など、クラス名を自由に指定できないケースもあります。Sassを使って個々の要素をコントロールする方法も覚えておくと、Web制作の幅が広がると思います。

4.2 繰り返し @for

Sassには、同様の処理を指定した回数だけ繰り返すことができる機能も用意されています。まずは、@forを使って繰り返し処理を行う方法を解説します。@forは、変数の値を1ずつ増やしながら繰り返し処理を行う機能となります。

4.2.1 @forの記述方法

プログラミング系言語によくある**繰り返し処理**をSassで行うことも可能です。まずは、**@for**を使って繰り返し処理を行う方法を解説します。@forで繰り返し処理を行うときは、以下のようにSassを記述します。

```
@for 変数 from 開始値 through 終了値{
    （繰り返し処理の内容）
}
```

変数には各自の好きな名前の変数を指定できます。続いて、処理を繰り返す回数を**開始値**と**終了値**で指定します。@forは**変数の値を1ずつ増加させながら**繰り返し処理を行う仕組みになっています。よって、開始値に1、終了値に5を指定した場合は、変数の値を1、2、3、4、5と変化させながら計5回の繰り返し処理を行うことができます。同様に、開始値に3、終了値に5を指定した場合は、変数の値を3、4、5と変化させながら計3回の繰り返し処理を行うことができます。

@forの記述方法そのものは特に難しくありませんが、「CSSファイルを作成する」という観点で見ると、繰り返し処理を効果的に活用できる場面はそれほど多くありません。クラス名の一部を1、2、3、……と変化させながら、似たような書式を指定していく場合などに@forを活用できるでしょう。ただし、プログラミングに不慣れな方には少々難しく、また用途も限られるため、『余力があれば試してみる』という感じで読み進めても構わないと思います。気になる方は挑戦してみてください。

to を使った繰り返し範囲の指定

throughの代わりにtoを記述して「終了値」を指定することも可能です。この場合は、「終了値の直前」まで繰り返し処理が行われます。たとえば、以下のように@forを記述した場合は、変数$iを1、2、3、4と変化させながら計4回の繰り返し処理が行われます。「終了値」に指定した5は、繰り返しの範囲に含まれないことに注意してください。

```
@for $i from 1 to 5 {
    (繰り返し処理の内容)
}
```

4.2.2 繰り返し処理を使ったグリッドシステムの作成

それでは、@forを使った具体例を紹介していきましょう。ここでは、@forを使って**グリッドシステム**を作成する場合の例を紹介します。

グリッドシステムとは、ページ全体（またはメイン領域など）を12列に分割し、各要素を「何列分の幅で表示するか？」を**クラス名**で指定してレイアウトを構築していく手法です。BootstrapなどのCSSフレームワークにも採用されている手法ですが、これを自作する場合などに@forを活用できると思います。

グリッドシステムを自作するときは、幅1列分、幅2列分、幅3列分、……、幅12列分を指定するクラスを作成しなければいけません。つまり、12個のクラスについて書式指定を行う必要があります。この作業を@forに任せると、少ない記述で必要な数だけ書式指定を行えるようになります。

sample422-01.scss (Sass)

```scss
@charset "UTF-8";

* {
  margin: 0;
  padding: 0;
  -webkit-box-sizing: border-box;
     -moz-box-sizing: border-box;
          box-sizing: border-box;
}

body {
  padding: 15px;
}
```

sample422-01.css (CSS)

```css
@charset "UTF-8";
* {
  margin: 0;
  padding: 0;
  -webkit-box-sizing: border-box;
  -moz-box-sizing: border-box;
  box-sizing: border-box;
}

body {
  padding: 15px;
}
```

```scss
14
15  /* -------- グリッドシステム -------- */
16  .row {
17    margin: 0px -15px;
18    &:after {
19      display: table;
20      content: "";
21      clear: both;
22    }
23  }
24
25  %block-left {
26    display: block;
27    float: left;
28    padding: 0px 15px;
29  }
30
31  @for $cols from 1 through 12 {
32    .sm-#{$cols} {
33      @extend %block-left;
34      width: percentage($cols / 12);
35    }
36  }
```

```css
/* -------- グリッドシステム -------- */
.row {
  margin: 0px -15px;
}

.row:after {
  display: table;
  content: "";
  clear: both;
}

.sm-1, .sm-2, .sm-3, .sm-4, .sm-5, .sm-6, .sm-7, .sm-8, .sm-9, .sm-10, .sm-11, .sm-12 {
  display: block;
  float: left;
  padding: 0px 15px;
}

.sm-1 {
  width: 8.33333%;
}

.sm-2 {
  width: 16.66667%;
}

.sm-3 {
  width: 25%;
}

    ⋮

.sm-12 {
  width: 100%;
}
```

　Sassファイルの3〜9行目は全要素に共通する書式指定です。グリッドシステムを採用するときは、要素の幅（width）を「内余白と枠線を含めた範囲」で指定するのが一般的です。よって、box-sizingプロパティにborder-boxを指定しています。

　グリッドシステムに関わる書式指定は、Sassファイルの15行目以降に記述されています。16〜23行目は、グリッドシステムの各行を示す"row"のクラスについて書式指定を行っている部分です。左右に-15pxのネガティブマージンを指定し、両端の余白を打ち消すように領域の範囲を広げています。さらに、簡易版のclearfixを指定しています。

　25〜29行目は、「幅○列分を指定するクラス」に共通する書式指定です。プレースホルダーセレクタで書式を指定し、この書式指定を@extendで各クラスに継承します（33行目）。

繰り返し処理@forを活用している部分は31～36行目です。今回は$colsという名前の変数を指定し、これを1～12まで変化させることで「32～35行目の処理」を12回繰り返します。

32～35行目には「幅○列分を指定するクラス」の書式指定が記述されています。今回の例では、「幅1列分を指定するクラス」を"sm-1"、「幅2列分を指定するクラス」を"sm-2"、……「幅12列分を指定するクラス」を"sm-12"という具合にクラス名を命名しました。このクラス名の記述に変数$colsを利用しています。ただし、値の指定ではないため、**インターポレーション**を使って変数$colsを#{……}で囲む必要があることに注意してください（32行目）。さらに、各クラスの幅（width）の指定にも変数$colsを利用しています。グリッドシステムでは全体の幅が12列になると考えるので、「幅○列分」は（$cols / 12）の数式で表現できます。これを関数**percentage()**で％表記に換算して幅を指定しています（34行目）。

このように、「クラス名の数字」と「プロパティの値」が規則的に変化していく場合に@forを活用すると、少ない記述で各クラスの書式を指定できます。「Sassファイルの記述」と「出力されたCSSファイルの内容」をよく見比べながら、その仕組みをよく理解しておいてください。

参考までに、このグリッドシステムを使って各要素をレイアウトしたHTMLを示しておきましょう。div要素に"sm-N"のクラスを適用することで、各要素の配置を自由にコントロールしています。クラス名のNの部分には1～12の数字を記述し、「何列分の幅で表示するか？」を指定します。たとえば、"sm-6"のクラス名を指定した要素は6列分、"sm-4"のクラス名を指定した要素は4列分の幅で表示されます。全体が12列で構成されるため、2等分、3等分、4等分などのレイアウトを手軽に指定することが可能です。

このとき、グリッドシステムの各行を"row"のクラスで囲んでおく必要があることに注意してください。この記述を忘れると、グリッドシステムが正しく機能しなくなってしまいます。

sample422-01.html

```html
12    <h1>グリッドシステム</h1>
13    <div class="row">
14      <div class="sm-6" style="background:#5c8;height:150px">ブロックA</div>
15      <div class="sm-6" style="background:#ae9;height:150px">ブロックB</div>
16    </div>
17    <div class="row">
18      <div class="sm-4" style="background:#ffb;height:150px">ブロックC</div>
19      <div class="sm-4" style="background:#fd9;height:150px">ブロックD</div>
20      <div class="sm-4" style="background:#fb7;height:150px">ブロックE</div>
21    </div>
22    <div class="row">
23      <div class="sm-3" style="background:#68f;height:150px">ブロックF</div>
24      <div class="sm-6" style="background:#8af;height:150px">ブロックG</div>
25      <div class="sm-3" style="background:#acf;height:150px">ブロックH</div>
26    </div>
```

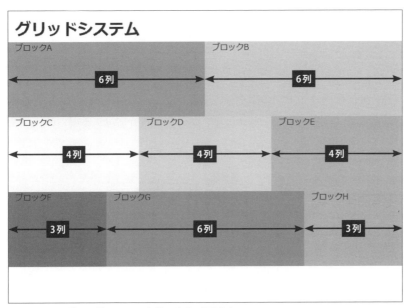

図4.2.2-1　グリッドシステムを使ったレイアウト

なお、各div要素にstyle属性で指定されているbackgroundとheightの書式は、各要素の領域を見やすくするための書式指定で、特に深い意味はありません。

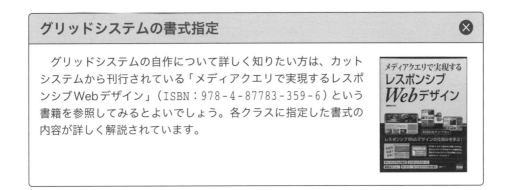

4.2.3　レスポンシブWebデザインに対応するグリッドシステム

　メディアクエリを使ってレスポンシブWebデザインに対応するグリッドシステムを構築することも可能です。この場合は、画面サイズ別のクラスを新たに追加します。たとえば、「画面の幅が651px以上になったとき」の表示幅を "bg-N" というクラス名で指定する場合は、以下に示した記述をSassファイルに追加します。

sample423-01.scss (Sass)

```scss
@media only screen and (min-width:651px) {
  @for $cols from 1 through 12 {
    .bg-#{$cols} {
      width: percentage($cols / 12);
    }
  }
}
```

sample423-01.css (CSS)

```css
@media only screen and (min-width: 651px) {
  .bg-1 {
    width: 8.33333%;
  }
  .bg-2 {
    width: 16.66667%;
  }
  .bg-3 {
    width: 25%;
  }
  .bg-4 {
    width: 33.33333%;
  }
  .bg-5 {
    width: 41.66667%;
  }
    ⋮
  .bg-10 {
    width: 83.33333%;
  }
  .bg-11 {
    width: 91.66667%;
  }
  .bg-12 {
    width: 100%;
  }
}
```

　あとは、HTMLファイルでdiv要素に "sm-N" と "bg-N" のクラス名を併記するだけです。これで「画面サイズに応じてレイアウトが変化するページ」を作成できます。幅651px未満の小さい画面で閲覧したときの配置は "sm-N" のクラスで指定します。一方、幅651px以上の大きい画面で閲覧したときの配置は "bg-N" のクラスで指定します。次ページに簡単な例を紹介しておくので参考にしてください。

sample423-01.html

```
13  <h1>グリッドシステム（RWD）</h1>
14  <div class="row">
15    <div class="sm-12 bg-6" style="background:#5c8;height:150px">ブロックA</div>
16    <div class="sm-12 bg-6" style="background:#ae9;height:150px">ブロックB</div>
17  </div>
18  <div class="row">
19    <div class="sm-6  bg-4" style="background:#ffb;height:150px">ブロックC</div>
20    <div class="sm-6  bg-4" style="background:#fd9;height:150px">ブロックD</div>
21    <div class="sm-12 bg-4" style="background:#fb7;height:150px">ブロックE</div>
22  </div>
23  <div class="row">
24    <div class="sm-6 bg-6" style="background:#8af;height:150px">ブロックF</div>
25    <div class="sm-6 bg-6" style="background:#acf;height:150px">ブロックG</div>
26  </div>
```

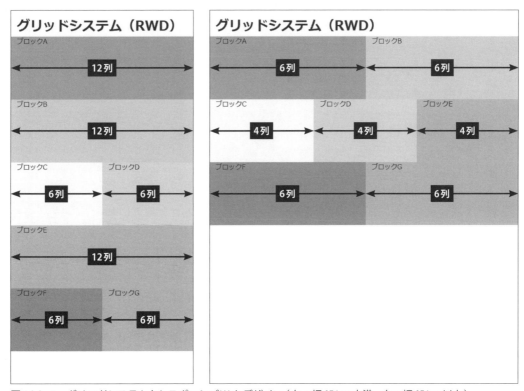

図4.2.3-1　グリッドシステムとレスポンシブWebデザイン（左：幅651px未満、右：幅651px以上）

4.3 繰り返し @while

変数の値を1ずつ増加させるのではなく、自分で変数の値を操作しながら繰り返し処理を行うことも可能です。この場合は@whileというディレクティブを使用します。続いては、@whileを使った繰り返し処理について解説します。

4.3.1 @whileの記述方法

4.2節で解説したように、@forは変数の値を1ずつ増加させながら繰り返し処理を行うディレクティブとなります。一方、これから解説する**@while**は、変数の値を自分で操作しながら繰り返し処理を行うディレクティブとなります。たとえば、変数の値を「50、100、150、200、250、……」と等間隔に変化させたり、「2、4、8、16、32、……」と一定の比率で変化させたりする場合などに@whileが活用できます。まずは、@whileの記述方法から解説していきましょう。

```
@while 繰り返し条件 {
    （繰り返し処理の内容）
}
```

@whileを使用するときは、**比較演算子**を使って**繰り返し条件**を指定します。すると、**条件を満たしている間だけ**繰り返し処理が継続されるようになります。たとえば、繰り返し条件に$i <= 250 と記述した場合は、「変数$iが250以下」の間だけ繰り返し処理が継続されます。

もちろん、条件に指定する変数はあらかじめ定義しておかなければいけません。先ほどの例の場合、$i: 50;などの定義を記述しておくと「変数$iが250以下」の条件を満たすようになり、繰り返し処理が行われます。

ただし、このままでは永久に「変数$iが250以下」の条件を満たすため、無限ループの繰り返しになってしまいます。そこで、繰り返し処理の中に**変数$iの値を変化させる数式**を記述しておく必要があります。たとえば、$i: $i + 50; と記述すると、$iの値が50、100、150、200、250、……と50ずつ増加していくようになります。そして、$iの値が300になった時点で「変数$iが250以下」の条件を満たさなくなり、繰り返し処理が終了します。つまり、$iの値が50、100、150、200、250と変化しながら計5回の繰り返し処理が行われることになります。

```
$i: 50;                          ← 変数$iの定義

@while $i <= 250 {               ← 繰り返し条件は「$iが250以下」
    (繰り返し処理の内容)
        ：
    $i: $i + 50;                 ← $iの値に50を加算
}
```

　なお、こういった処理を行うには、変数自身の値を規則的に変化させる方法を覚えておく必要があります。たとえば、先ほど例に挙げた$i: $i + 50;の場合、「$iに50を足した値」を新しい$iの値として定義する、という意味になります。同様に、引き算（-）、掛け算（*）、割り算（/）を使って変数の値を変化させていくことも可能です。以下に具体的な例を紹介しておくので、参考にしてください。

初期値	数式の記述	変数の値の変化	
$i: 50;	$i: $i + 50;	50、100、150、200、250、……	（50ずつ増加）
$i: 60;	$i: $i - 15;	60、45、30、15、0、-15、-30、……	（15ずつ減少）
$i: 10;	$i: $i * 2;	10、20、40、80、160、320、……	（値を2倍に）
$i: 80;	$i: $i / 2;	80、40、20、10、5、2.5、1.25、……	（値を1/2に）
$i: 10;	$i: $i * 3 +10;	10、40、130、400、1210、……	（3倍して10を加算）

4.3.2　@whileを使った書式指定の例

　それでは、@whileを使った具体的な例を紹介していきましょう。次ページに示した例は、フォトフレームの書式を@whileを使って指定した場合の例です。画像の表示サイズ（幅120px、幅180px、幅240px）に応じて3種類のクラスを用意し、それぞれが同じ比率になるように上下左右に「白色」の枠線を描画しています。

図4.3.2-1　繰り返し処理を使ったフォトフレームの書式指定

sample432-01.scss (Sass)

```scss
13  $w: 120;
14
15  @while $w <= 240 {
16    .frame-#{$w} {
17      display: inline-block;
18      width: #{$w}px;
19      margin: 0px 20px 20px 0px;
20      box-shadow: 5px 5px 20px #333333;
21      border: solid #{$w / 24}px white;
22      border-bottom: solid #{$w / 3}px white;
23    }
24    $w: $w + 60;
25  }
```

sample432-01.css (CSS)

```css
.frame-120 {
  display: inline-block;
  width: 120px;
  margin: 0px 20px 20px 0px;
  box-shadow: 5px 5px 20px #333333;
  border: solid 5px white;
  border-bottom: solid 40px white;
}

.frame-180 {
  display: inline-block;
  width: 180px;
  margin: 0px 20px 20px 0px;
  box-shadow: 5px 5px 20px #333333;
  border: solid 7.5px white;
  border-bottom: solid 60px white;
}

.frame-240 {
  display: inline-block;
  width: 240px;
  margin: 0px 20px 20px 0px;
  box-shadow: 5px 5px 20px #333333;
  border: solid 10px white;
  border-bottom: solid 80px white;
}
```

Sassファイルの13行目で、繰り返し条件となる変数$wを定義しています。この変数は幅（width）の指定にも利用するので、その初期値には120を指定しました。

　15～25行目が繰り返し処理@whileの記述となります。繰り返し条件には「$wが240以下」を指定しています。24行目に$wの値を60ずつ増加する処理が記述されているため、$wの値が120、180、240と変化する間に計3回の繰り返し処理が行われることになります。その後、$wの値が300になると、「$wが240以下」の条件を満たさなくなり、繰り返し処理は終了します。

　書式指定として出力される部分は16～23行目です。セレクタに変数$wが含まれているため、.frame-120、.frame-180、.frame-240のセレクタで書式指定が出力されます。

　17行目は表示方法をinline-blockにする書式指定です。続いて、18行目で幅（width）に変数$wを指定しています。このとき、変数$wには単位が含まれていないことに注意しなければいけません。このような場合は、$wを**インターポレーション**で囲み、続けてpxなどの単位を記述すると、単位付きの数値に変更できます。

　19行目は外余白の書式指定、20行目は影の書式指定です。これらは、全クラスに共通する書式指定となります。

　21行目は「幅（$w）の1/24」の太さで枠線を描画する書式指定です。さらに、22行目で「下の枠線」の太さを「幅（$w）の1/3」に上書きしています。いずれもpxの単位を追加するために、数式をインターポレーションで囲っています。

　今回の例では、変数$wを使って幅（width）と枠線（border）を指定することで、比率が同じでサイズが異なるフォトフレームを3種類作成しています。あとは、それぞれのimg要素に"frame-120"や"frame-180"、"frame-240"といったクラスを適用するだけです。

　このように、@whileを使って繰り返し処理を行うと、似たような書式指定の記述を簡略化できるようになります。今回の例では3つのクラスについて書式を指定しましたが、クラスの数が多くなればなるほど、@whileを効果的に活用できると思います。

無限ループに注意

　@whileを使用するときは、繰り返し処理が無限ループにならないように十分に注意しなければいけません。たとえば、先ほどの例で24行目の記述を忘れると、$wの値が120のまま変化しなくなるため、永久に処理が繰り返されてしまいます。

　コンパイラに「Prepros」を使用している場合は、繰り返し処理が終了しない無限ループを記述してしまうと、コンパイル時（Sassファイルを保存したとき）に「Prepros」が暴走してしまいます。プログラミングに不慣れな方は、事前にP11～12で紹介した『SassMeister』でテストを行い、その記述をSassファイルにコピー&ペーストするように段階を踏んで作業すると、不測のトラブルを回避できると思います。念のため、覚えておいてください。

4.4 繰り返し @each

繰り返し処理を行うディレクティブとして、@eachというディレクティブも用意されています。こちらは「文字列」を変化させながら繰り返し処理を行う場合に使用します。続いては、@eachを使った繰り返し処理について解説します。

4.4.1 @eachの記述方法

これまでは、「1、2、3、……」や「120、180、240、……」のように数値を変化させながら繰り返し処理を行う方法を解説しました。一方、これから解説する**@each**は、**文字列を変化させながら**繰り返し処理を行うディレクティブとなります。

@eachを使って繰り返し処理を行うときは、以下のようにSassを記述します。

```
@each 変数 in リスト {
    （繰り返し処理の内容）
}
```

変数には、各自の好きな名前の変数を指定します。続いて、「文字をどのように変化させるか？」をinの後に**リスト**で指定します。リストの部分は、「カンマ区切り」や「半角スペース区切り」で文字列を列記しても構いませんし、あらかじめ変数にリストを定義しておき、その変数名を記述しても構いません。少し分かりにくいと思うので、具体的な例を見ながら記述方法を覚えるとよいでしょう。

4.4.2 @eachを使った書式指定の例

それでは、@eachを使った具体的な例を紹介していきましょう。次ページの例は、国旗のアイコンを背景画像として表示するクラスを作成した場合の例です。今回は、9ヶ国の国旗について、それぞれを背景画像として表示するクラスを書式指定しました。

4.4 繰り返し @each

sample442-01.scss

```
12  #ranking {
13    margin: 10px 40px;
14    li {
15      background-repeat: no-repeat;
16      background-size: 28px;
17      background-position: 0% 40%;
18      padding-left: 38px;
19      font-size: 18px;
20      line-height: 32px;
21    }
22  }
23
24  $nations: AU, CA, DE, ES, FR, GB, IT, JP, US;
25
26  @each $n in $nations {
27    .#{$n} {
28      background-image: url(flag-icon/#{$n}.png);
29    }
30  }
```

sample442-01.css

```
#ranking {
  margin: 10px 40px;
}

#ranking li {
  background-repeat: no-repeat;
  background-size: 28px;
  background-position: 0% 40%;
  padding-left: 38px;
  font-size: 18px;
  line-height: 32px;
}

.AU {
  background-image: url(flag-icon/AU.png);
}

.CA {
  background-image: url(flag-icon/CA.png);
}

.DE {
  background-image: url(flag-icon/DE.png);
}

     ⋮

.JP {
  background-image: url(flag-icon/JP.png);
}

.US {
  background-image: url(flag-icon/US.png);
}
```

　Sassファイルの12行目にある#rankingは、ol要素のID名となります。12～22行目でol要素とli要素の書式を指定し、番号付きリストの見た目を整えています。

　24行目は、繰り返し処理で使用する文字列のリストです。9ヶ国の略称を「カンマ区切り」のリストとして変数$nationsに定義しています。

　26～30行目が@eachで繰り返し処理を行う部分です。$nという名前の変数を用意し、リストに変数$nationsを指定しています。その結果、$nの値がAU、CA、DE、……、JP、USと変化しながら9回の繰り返し処理が行われることになります。繰り返される処理は27～29行目に記述されています。変数$nをクラス名とするセレクタを指定し、background-imageで背景画像を指定しています。背景画像のファイル名の指定にも変数$nを利用しています。

$n の値が「指定したリスト」に従って変化していくことを理解できれいれば、特に難しい記述は見当たらないと思います。このように「クラス名」と「ファイル名」を変化させながら、同様の書式指定を繰り返す場合などに@eachが活用できると思います。念のため、これらのクラスを適用したHTMLと表示結果を紹介しておきましょう。

sample442-01.html

```
12  <h1>総合順位</h1>
13  <ol id="ranking">
14      <li class="AU">Jacob Brown</li>
15      <li class="CA">Matthew Clark</li>
16      <li class="GB">Christopher Davis</li>
17      <li class="AU">William Hall</li>
18      <li class="US">David Taylor</li>
19      <li class="JP">Sosuke Akita</li>
20      <li class="ES">Javier Antonio Rodriguez</li>
21      <li class="IT">Nicola Caruso</li>
22      <li class="DE">Gusta Hugbald</li>
23      <li class="FR">Thomas Marazzoli</li>
24  </ol>
```

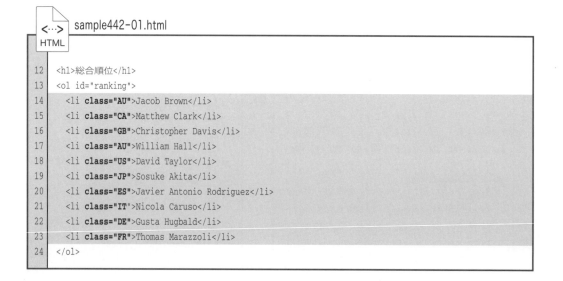

図4.4.2-1　繰り返し処理を使った背景画像の書式指定

4.5 自作関数 @function

Sassには、関数を自作することができる@functionというディレクティブが用意されています。よく使用する処理を「自作関数」として用意しておくと便利に活用できるでしょう。続いては、関数を自作する方法を解説します。

4.5.1 自作関数の定義

本書の2.5節では、Sassに用意されている**関数**を使用する方法を解説しました。関数を使うと様々な処理を手軽に行えますが、状況によっては『こんな関数が用意されていれば便利なのに……』と思う場合もあるでしょう。このような場合は、自分で関数を作成することも可能です。まずは、自作の関数を定義するときの記述方法から解説していきましょう。

```
@function 関数名(変数1, 変数2, …){
    (関数で処理処理する内容)
    @return 戻り値;
}
```

関数を自作するときは**@function**というディレクティブを使用し、作成する**関数名**を記述します。この関数名には「各自の好きな名前」を付けることが可能です。続いて、**引数**で渡される値を受け取る**変数**をカッコ内に記述します。変数の数は1つでも構いませんし、「カンマ区切り」で複数の変数を列記しても構いません。

関数により処理される内容は@functionの{……}の中に記述します。このとき、最後に**@return**で**戻り値**を指定する必要があることを忘れないようにしてください。戻り値とは、関数の使用元に返される値のことです。もっと簡単にいうと、「関数で処理した結果」が戻り値になると考えられます。

たとえば、色を明るくする関数lighten()の場合、引数に「基準となる色」と「明るくする割合」(0〜100%)を指定します。すると、その結果として「基準色を○%だけ明るくした色」が返されます。この場合、「基準色を○%だけ明るくした色」が戻り値になると考えられます。

自作した関数の使用方法は、Sassにあらかじめ用意されている関数を使用する場合と基本的に同じです。@functionで定義した関数名に続けて、カッコ内に引数を指定します。つまり、**関数名(引数1, 引数2, …)** という記述になります。もちろん、カッコ内に指定する引数は、

自作関数を定義したときと同じ順番で値を記述しなければいけません。すると、それを関数で処理した結果が「戻り値」として返ってきます。

　文章による解説だけでは分かりにくいと思うので、以降に紹介する具体例も参考にしながら、自作関数の使い方を把握するようにしてください。

4.5.2　自作関数を使った書式指定の例

　それでは、自作関数の具体的な使い方を紹介していきましょう。ここでは「領域を等分割したときの幅」を自作関数で求めます。この自作関数は単純に領域を等分割するものではなく、「両端と要素間に間隔を設けた場合の幅」を計算する関数となります。2.4.2項（P98〜101）で紹介した例と同じ処理を、「自作関数で処理している」と考えると分かりやすいでしょう。

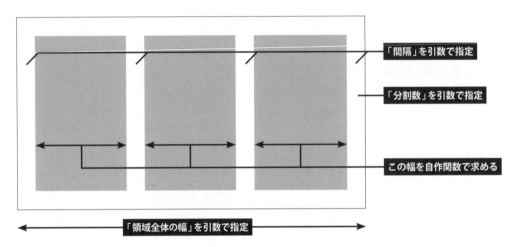

sample452-01.scss (Sass)

```
24  @function divide($w, $n, $gap) {
25    $width: ($w - $gap * ($n + 1)) / $n;
26    @return $width;
27  }
28
29  .pic-3div {
30    display: block;
31    float: left;
32    width: divide(600px, 3, 15px);
33    margin: 15px 0px 15px 15px;
34  }
```

sample452-01.css (CSS)

```
.pic-3div {
  display: block;
  float: left;
  width: 180px;
  margin: 15px 0px 15px 15px;
}
```

Sassファイルの24〜27行目が自作関数を定義している部分です。今回の例では`divide`という名前で関数を作成しました。カッコ内に3つの変数を記述しているため、この関数を使用するときは3つの引数を指定しなければいけません。第1引数には「領域全体の幅」、第2引数には「分割数」、第3引数には「間隔」を指定し、それぞれの値を変数`$w`、`$n`、`$gap`で受け取ります。

25行目に記述されている数式は、領域を等分割したときの"各要素の幅"を求める計算式です。「間隔」の数は「分割数+1」になるため、`$gap * ($n + 1)`が「間隔の合計幅」になります。これを「領域全体の幅」（`$w`）から引き、さらに「分割数」（`$n`）で割ると、"各要素の幅"を求めることができます。今回の例では、この計算結果を変数`$width`として定義しました。

続いて、26行目の`@return`で計算結果となる`$width`を返すと、関数の処理が完了します。

29〜34行目は、"pic-3div"というクラス（img要素）の書式指定を行っている部分です。要素の幅の指定に自作関数`divide()`を使用しています（32行目）。今回の例では、`divide()`の引数に(600px, 3, 15px)を指定しているため、「領域全体の幅」は600px、「分割数」は3、「間隔」は15pxという設定になります。これらの値をもとに自作関数`divide()`で計算が行われ、その計算結果である180pxが`width`の値に指定されます。

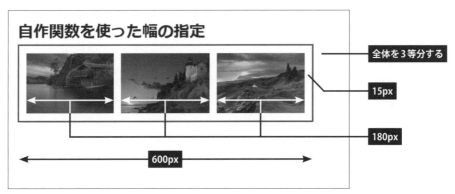

図4.5.2-1　自作関数を使った幅の指定

このように面倒な計算を自作関数として定義しておくと、そのつど数式を記述しなくても計算結果を得られるようになります。もちろん、先ほどの例とは異なる状況になっても関数`devide()`を使用することが可能です。たとえば、幅600pxの領域を間隔20pxで4分割する場合は、`devide(600px, 4, 20px)`と関数を記述します。

このとき、引数を「単位付きの数値」で指定しなければならないことに注意してください。たとえば、`devide(600, 3, 20)`と関数を記述すると、「単位なしの数値」で計算が行われるため、その戻り値は180になります。よって、`width: 180;`という書式指定が出力されてしまいます。これでは要素の幅を正しく指定できません。そこで、**@if**を使って単位を自動補完する機能を追加した例も紹介しておきましょう。

```
sample452-02.scss
24  @function divide($w, $n, $gap) {
25    $width: ($w - $gap * ($n + 1)) / $n;
26    @if unitless($width) {
27      $width: $width * 1px;
28    }
29    @return $width;
30  }
31
32  @for $i from 2 through 4 {
33    .pic-#{$i}div {
34      display: block;
35      float: left;
36      width: divide(600, $i, 15);
37      margin: 15px 0px 15px 15px;
38    }
39  }
```

```
sample452-02.css
.pic-2div {
  display: block;
  float: left;
  width: 277.5px;
  margin: 15px 0px 15px 15px;
}

.pic-3div {
  display: block;
  float: left;
  width: 180px;
  margin: 15px 0px 15px 15px;
}

.pic-4div {
  display: block;
  float: left;
  width: 131.25px;
  margin: 15px 0px 15px 15px;
}
```

　26～28行目が関数divide()に新たに追加した処理内容です。ここでは、@ifを使って処理を条件分岐させています。その条件には、unitless($width)という内容が記述されています。**unitless()**はSassにあらかじめ用意されている関数の一つで、引数に指定した値に「単位が含まれていないか？」を調べる関数となります[※1]。つまり、「変数$widthに単位が含まれていないか？」を調べていることになります。

　変数$widthに単位が含まれていた場合は**false**が返されるため、@ifは「条件を満たしていない」と判断します。よって、27行目の記述は無視されます。

　一方、変数$widthに単位が含まれていなかった場合は**true**が返されるため、@ifは「条件を満たしている」と判断します。この場合は27行目の記述が有効になり、変数$widthに1pxを掛けた値が、新しい$widthの値として再定義されます。1pxを掛け算する処理は、数値を変更せずにpxの単位だけを追加する処理と同じ意味になります。このように掛け算の数式を使って「単位を追加する処理」を行うことも可能です。色々な場面に活用できるテクニックなので、ぜひ覚えておいてください。

　この処理を自作関数に追加しておくと、間違って「単位なしの数値」を引数に指定してしまった場合も、pxの単位が付いた戻り値を得ることが可能となります。もちろん、「単位付きの数値」で引数を指定しても問題は生じません。この場合は@ifの処理が無視されるため、新たにpxの単位を追加する処理は行われません。

（※1）関数unitless()の詳細については本書のP124を参照してください。

自作した関数は36行目で使用しています。今回は、**@for**を使って$iの値を2、3、4と変化させながら、3つのクラスの書式指定を出力しています。これらのクラスは、それぞれ領域を2等分／3等分／4等分した場合の書式指定となります。自作関数divide()の第2引数に$iを指定することで、分割数を変化させています。

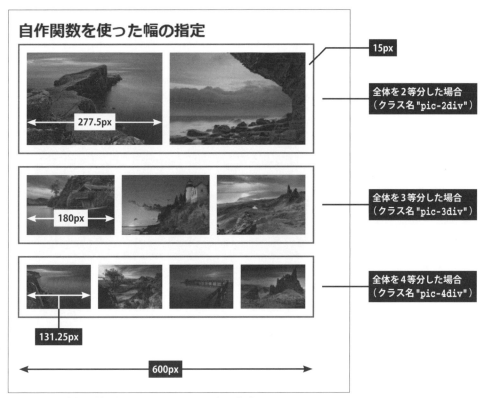

図4.5.2-2　自作関数と繰り返し処理を使った幅の指定

　このように「自作関数」と「繰り返し処理」を組み合わせて、書式指定の記述を簡略化する方法もあります。とはいえ、プログラミングに慣れていない方からすると、『簡略化しているというより、かえって難しくしている……』と感じる場合もあるでしょう。
　本書の第4章で紹介した、条件分岐、繰り返し、自作関数といった機能は、プログラミングに慣れている方が便利に活用できる機能となります。そうでない方にとっては、混乱を招くだけの機能になるかもしれません。少しくらい記述量が多くなっても、普通に書式指定を記述した方が分かりやすく、また管理しやすい場合もあります。

　Sassは、プログラミング的な処理を行わなくても十分に便利な機能を提供してくれます。本書の第4章で解説した内容は「必須となるテクニック」ではありませんし、これらの機能が便利に活用できる場面もそれほど多くありません。よって、各自のスキルに合わせて使える機能だけを活用していくとよいでしょう。

第5章

Compassの活用

Compassを使ってSassの機能をさらに充実させることも可能です。よく使う書式指定を取り込んだり、Compassならではの関数を使用したりする場合などに活用できるでしょう。第5章ではCompassの使い方を簡単に紹介しておきます。

5.1 Compassの概要

CompassはSassの機能を拡張してくれるフレームワークです。Sassだけでも便利に活用できますが、Compassの使い方も覚えておくと色々な場面で重宝すると思います。まずは、Compassの概要、ならびにリセットCSSの出力について解説します。

5.1.1 Compassとは？

Sassを使ってスタイルシートを記述するときに、**Compass**というフレームワークを使用することも可能です。これまでに本書で紹介してきた機能だけでも十分にSassを使う価値はありますが、Compassを導入すると、さらにSassの機能を拡充できるようになります。たとえば、以下のような作業を行うときにCompassが便利に活用できます。

- よく使われている書式指定を簡単な記述で出力する
- ベンダープレフィックスを自動追加する
- Compassに用意されている関数を使用する

一昔前は、Compassの導入時に「黒い画面」（コマンドプロンプト）を使ってインストール作業や設定作業を行わなければいけませんでした。しかし、本書で紹介している「Prepros」や

図5.1.1-1　Compassの公式サイト（http://compass-style.org/）

「Scout」といったコンパイラはCompassにも対応しているため、すぐにCompassを使い始めることができます。

　もちろん、Compassを使用するには、Compass独自の記述方法を覚えておく必要があります。たいていの機能はミックスインとして提供されているため、@includeで取り込むだけで書式指定を済ませること可能ですが、中には引数の指定が必要になる場合もあります。この際に「引数を記述する順番」を覚えていないと、仕様の確認などに時間を取られてしまうかもしれません。状況によっては、普通にSassを記述した方がスムーズに作業を進められる場合もあるでしょう。そのほか、Compassを使用するとコンパイル時間が長くなる、という欠点もあります。

　これらの欠点を踏まえると、「使い勝手のよい機能だけCompassを使って記述する」というのが最も賢い使い方になると思います。もちろん、Compassに馴染めない方は、Sassの機能だけを使ってスタイルシートを記述しても構いません。各自の好みに合わせて活用するようにしてください。

5.1.2　Compassを使用するときの設定変更

　それでは、Compassの使い方を詳しく解説していきましょう。まずは、コンパイラの設定変更について解説します。コンパイラに「**Prepros**」を使用している場合は、少しだけ設定変更が必要です。Compassの機能を使ってSassを記述するときは、そのSassファイルを選択し、「**Compass**」の項目をチェックしておく必要があります。

図5.1.2-1　Compassを使用するときの設定変更

以降の作業手順はこれまでと同様です。Sassファイルを上書き保存すると、自動的にコンパイルが実行されます。

なお、「Compass」の項目をONにすると、LibSassを使った高速コンパイルが無効になるため、コンパイル時間は少し長くなります。Sassファイルを上書き保存してから数秒後に「コンパイル成功」（またはエラー）の画面が表示される場合もあります。気長に待つようにしてください。

（※）「Scout」でもCompassを使用できますが、Compassのバージョンが古いため一部の機能を使用できない場合があります。本書では「Prepros」を使用する場合を前提に、Compassの使い方を紹介していきます。

5.1.3　Compassのインポート

Compassの機能を使用するときは、あらかじめCompassのSassファイルをインポートしておく必要があります。3.3節で紹介した`@import`を使用し、Sassファイルの冒頭に以下の記述を追加しておくのを忘れないようにしてください。

```
@import "compass";
```

この記述により読み込まれるSassファイルは、「Prepros」や「Scout」といったコンパイラに内蔵されているため、compass.scssのファイルを自分で用意する必要はありません。なお、この記述を追加しても、出力されるCSSファイルの内容は何も変化しません。

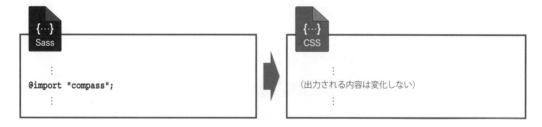

Compassに用意されている機能を使用するには、@includeなどを使って書式指定を取り込まなければいけません。これについては、5.2節以降でそのつど解説していきます。

Compassの各機能は、CSS3やLayout、Typography、Utilitiesといったモジュールに分類されているため、機能を限定して読み込むことも可能です。たとえば、Utilitiesモジュールに分類されている機能だけを使うときは、

```
@import "compass/utilities";
```

と記述してCompassを読み込みます。すると、使用しないモジュールの読み込みが省略されるため、少しだけコンパイル時間を短くすることができます。

5.1.4 リセットCSSの出力

続いては、Compassに用意されている**リセットCSS**を読み込む方法を紹介します。この機能はCompassの中でも少し特殊な存在で、@importを使ってファイルを読み込むだけでCSS出力まで行われる仕組みになっています。

リセットCSSを出力するときは、`"compass/reset"`のモジュールを@importで読み込みます。

sample514-01.scss
```scss
@charset "UTF-8";

/* ---------- リセットCSS ---------- */
@import "compass/reset";
```

すると、以下の書式指定がCSSファイルに出力されます。

sample514-01.css
```css
@charset "UTF-8";
/* ---------- リセットCSS ---------- */
html, body, div, span, applet, object, iframe,
h1, h2, h3, h4, h5, h6, p, blockquote, pre,
a, abbr, acronym, address, big, cite, code,
del, dfn, em, img, ins, kbd, q, s, samp,
small, strike, strong, sub, sup, tt, var,
b, u, i, center,
dl, dt, dd, ol, ul, li,
fieldset, form, label, legend,
table, caption, tbody, tfoot, thead, tr, th, td,
article, aside, canvas, details, embed,
figure, figcaption, footer, header, hgroup,
menu, nav, output, ruby, section, summary,
time, mark, audio, video {
  margin: 0;
  padding: 0;
```

```
18    border: 0;
19    font: inherit;
20    font-size: 100%;
21    vertical-align: baseline;
22  }
23
24  html {
25    line-height: 1;
26  }
27
28  ol, ul {
29    list-style: none;
30  }
31
32  table {
33    border-collapse: collapse;
34    border-spacing: 0;
35  }
36
37  caption, th, td {
38    text-align: left;
39    font-weight: normal;
40    vertical-align: middle;
41  }
42
43  q, blockquote {
44    quotes: none;
45  }
46  q:before, q:after, blockquote:before, blockquote:after {
47    content: "";
48    content: none;
49  }
50
51  a img {
52    border: none;
53  }
54
55  article, aside, details, figcaption, figure, footer, header, hgroup, main, menu, nav, section, summary {
56    display: block;
57  }
```

　このリセットCSSは、Eric Meyer's reset 2.0をベースにしたリセットCSSとなります。各ブラウザに設定されている書式をリセットし、ブラウザごとの差異を解消する目的で使用します。

　もちろん、これ以外にもリセットCSSは沢山あります。他に使い慣れたリセットCSSがある場合は、このリセットCSSを使わなくても構いません。各自の好みに応じて活用するようにしてください。

5.2 Utilitiesモジュール

続いては、Utilitiesモジュールに分類される機能を紹介していきます。このモジュールには、「一般的によく使われる書式指定」がミックスインとして定義されています。これを@includeで取り込んで書式指定を行うことも可能です。

5.2.1 Utilitiesモジュールの読み込み

Utilitiesモジュールに分類されている機能を使うときは、以下のように@importを記述してCompassを読み込みます。

```
@import "compass/utilities";
```

もちろん、他のモジュールに用意されている機能も使用するときは、@import "compass";と記述してCompass全体を読み込んでも構いません。各自の使用状況に合わせて@importを記述するようにしてください。

Utilitiesモジュールの機能はミックスインとして定義されているものが多く、@includeを使って書式指定を取り込むのが一般的です。ここでは代表的な機能のみ、使い方を紹介しておきましょう。他の機能についても使い方を知りたい方は、Compassの公式サイトにある「Code Reference」を参照してみるとよいでしょう。ちょっとした英語力があれば、各機能の概要を把握できると思います。

図5.2.1-1　Utilitiesモジュールのリファレンス（http://compass-style.org/reference/compass/utilities/）

5.2.2　リンク文字の書式指定

まずは、リンク文字の書式を手軽に指定できるミックスインを紹介します。

■ `link-colors($normal, [$hover], [$active], [$visited], [$focus])`

マウスオーバー時の文字色などを手軽に指定できるミックスインです。各状態の文字色は、**通常時**、**マウスオーバー時**、**アクティブ時**、**訪問済み時**、**フォーカス時**の順番で引数に指定します。なお、通常時（第1引数）以外の文字色は、指定を省略しても構いません。

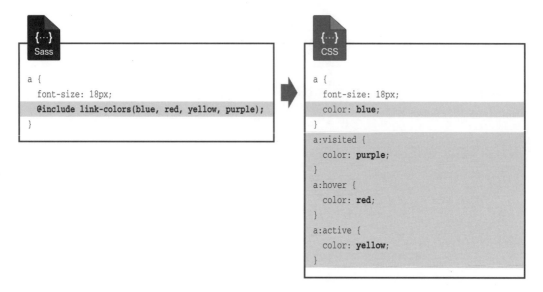

そのほか、マウスオーバー時に下線を描画する **hover-link**、リンク文字を通常の文字のように表示する **unstyled-link** といったミックスインも用意されています。これらのミックスインは引数がないため、`@include`に続けてミックスイン名を記述するだけで使用できます。

```
Sass
a {
  color: red;
  @include hover-link;
}
```

```
CSS
a {
  color: red;
  text-decoration: none;
}
a:hover, a:focus {
  text-decoration: underline;
}
```

5.2.3 リストの書式指定

ul要素（ol要素）とli要素で構成されるリストを横並びで配置する場合に活用できるミックスインも用意されています。

■ **horizontal-list([$padding], [$direction])**

floatプロパティを使って各項目を横に並べるときの書式指定を一括出力してくれるミックスインです。第1引数に左右の内余白、第2引数に各項目を並べる方向（left／right）を指定します。引数を省略した場合は、左右の内余白4px、左寄せの書式指定が出力されます。

Sass
```
ul {
  @include horizontal-list(10px);
}
```

CSS
```
ul {
  margin: 0;
  padding: 0;
  border: 0;
  overflow: hidden;
  *zoom: 1;
}
ul li {
  list-style-image: none;
  list-style-type: none;
  margin-left: 0;
  white-space: nowrap;
  float: left;
  padding-left: 10px;
  padding-right: 10px;
}
ul li:first-child {
  padding-left: 0;
}
ul li:last-child {
  padding-right: 0;
}
ul li.last {
  padding-right: 0;
}
```

そのほか、li要素をインライン要素として並べる **inline-list** や、li要素をインラインブロック要素として配置する **inline-block-list** などのミックスインも用意されています。

また、各li要素の先頭にアイコン画像を表示する**pretty-bullets**というミックスインもありますが、このミックスインを使用するにはCompassの設定変数ファイル（config.rb）を用意し、画像ファイルのパスをimages_dirに指定しておく必要があります。少し話が複雑になるので、本書では詳しい解説を割愛します。

5.2.4　テキストの書式指定

テキスト表示用の書式指定として、white-spaceプロパティに関連するミックスインも用意されています。

■ ellipsis([$no-wrap])

文字を折り返さないで表示するミックスインで、以下の書式指定が出力されます。引数の指定は省略しても構いません。引数にfalseを指定すると、white-spaceプロパティが出力されなくなります。

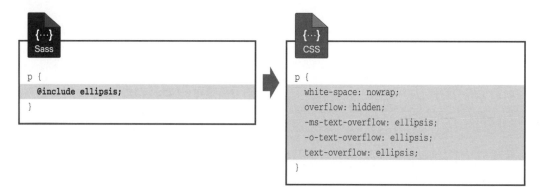

■ force-wrap

URLなどが領域をはみ出すことによりレイアウトが崩れるのを防ぐミックスインです。以下の書式指定が出力されます。

```
  white-space: -moz-pre-wrap;
  white-space: -hp-pre-wrap;
  word-wrap: break-word;
}
```

　そのほか、単純にwhite-space: nowrap;だけを出力する**nowrap**、文字を隠す**hide-text**、**squish-text**といったミックスインも用意されています。さらに、文字を画像に置き換えて表示できる**replace-text**、**replace-text-with-dimensions**といったミックスインもありますが、これらを使用するときはCompassの設定変数ファイル（config.rb）に画像ファイルのパス（images_dir）を指定しておく必要があります。

（※）5.2.2項〜 5.2.4項で紹介した機能は、厳密にはTypographyモジュールの機能となります。ただし、Utilitiesモジュールにも組み込まれているため、本書ではUtilitiesモジュールの一部として紹介しています。

5.2.5　文字色の自動指定

　本書のP178 〜 179で紹介した例のように、背景色に合わせて文字色を自動指定してくれるミックスインも用意されています。

■ contrasted($background-color, [$dark], [$light])

　背景色に応じて自動的に文字色を変化させるミックスインです。第1引数に背景色を指定して使用します。第2引数には「背景色が明るかった場合の文字色」（初期値はblcak）、第3引数には「背景色が暗かった場合の文字色」（初期値はwhite）を指定します。第2引数以降は省略しても構いません。

Sass
```
p {
  @include contrasted(#333333);
}
```

CSS
```
p {
  background-color: #333333;
  color: #fff;
}
```

5.2.6　clearfixの出力

floatによる回り込みを解除する**clearfix**の書式指定もミックスインとして用意されています。clearfixを出力するミックスインは3種類あり、いずれも引数なしで使用できます。

■ `clearfix` / `legacy-pie-clearfix` / `pie-clearfix`

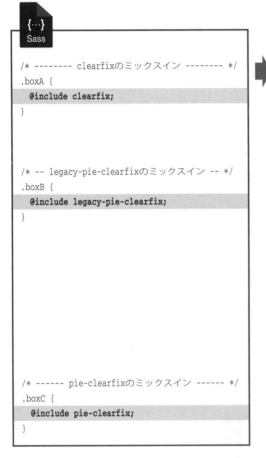

```scss
/* -------- clearfixのミックスイン -------- */
.boxA {
  @include clearfix;
}


/* -- legacy-pie-clearfixのミックスイン -- */
.boxB {
  @include legacy-pie-clearfix;
}




/* ------ pie-clearfixのミックスイン ------ */
.boxC {
  @include pie-clearfix;
}
```

```css
/* -------- clearfixのミックスイン -------- */
.boxA {
  overflow: hidden;
  *zoom: 1;
}


/* -- legacy-pie-clearfixのミックスイン -- */
.boxB {
  *zoom: 1;
}
.boxB:after {
  content: "\0020";
  display: block;
  height: 0;
  clear: both;
  overflow: hidden;
  visibility: hidden;
}


/* ------ pie-clearfixのミックスイン ------ */
.boxC {
  *zoom: 1;
}
.boxC:after {
  content: "";
  display: table;
  clear: both;
}
```

5.3 CSS3モジュール

CSS3モジュールには、ベンダープレフィックスの自動出力など、クロスブラウザに関連するミックスインが用意されています。古いブラウザもサポートするWebサイトを制作する場合などに活用できるでしょう。

5.3.1 CSS3モジュールの読み込み

CSS3モジュールに分類されている機能を使うときは、以下のように@importを記述してCompassを読み込みます。

```
@import "compass/css3";
```

このモジュールには、CSS3で新たに採用されたプロパティの**ベンダープレフィックスを自動出力するミックスイン**などが定義されています。たいていの場合、「プロパティの値」を引数として指定するだけで、ベンダープレフィックスを含めた書式指定を出力できます。ベンダープレフィックスを記述する手間を省きたい場合に活用できるでしょう。最近はベンダープレフィックスを記述する機会も少なくなってきましたが、覚えておいて損はないと思います。

ここでは代表的な機能についてのみ、使い方を紹介していきます。他の機能についても詳しく使い方を知りたい方は、Compassの公式サイトにある「Code Reference」を参照してみてください。ちょっとした英語力があれば、各機能の概要を把握できると思います。

図5.3.1-1　CSS3モジュールのリファレンス（http://compass-style.org/reference/compass/css3/）

5.3.2　ボックス関連のベンダープレフィックス

まずは、divなどのブロックレベル要素に指定するボックス関連のミックスインについて解説します。

■ border-radius([$radius], [$vertical-radius])

角丸の書式を指定するborder-radiusのベンダープレフィックスを出力するミックスインです。引数に角丸の半径を指定します。四隅の半径を「半角スペース区切り」で列記したり、「カンマ区切り」で水平/垂直の半径を指定したりすることも可能です。引数の指定を省略した場合は、半径5pxの角丸として処理されます。

Sass
```
.box {
  width:500px;
  padding: 15px;
  background: #cccccc;
  @include border-radius(0 8px 0 8px);
}
```

CSS
```
.box {
  width: 500px;
  padding: 15px;
  background: #cccccc;
  -moz-border-radius: 0 8px 0 8px;
  -webkit-border-radius: 0;
  border-radius: 0 8px 0 8px;
}
```

■ box-shadow([$shadow...])

ボックスに影を描画するbox-shadowのベンダープレフィックスを出力するミックスインです。引数は可変長引数になっているため、「カンマ区切り」で複数の影を同時に指定することも可能です。引数の指定を省略した場合は、0px 0px 5px #333333がbox-shadowの値として出力されます。

Sass
```
.box {
  width:500px;
  padding: 15px;
  background: #cccccc;
  @include box-shadow(5px 5px 10px gray);
}
```

CSS
```
.box {
  width: 500px;
  padding: 15px;
  background: #cccccc;
  -moz-box-shadow: 5px 5px 10px gray;
  -webkit-box-shadow: 5px 5px 10px gray;
  box-shadow: 5px 5px 10px gray;
}
```

■ `box-sizing([$box-model])`

　要素のサイズを指定するときに、「内余白や枠線を含めるか？」を指定する`box-sizing`のベンダープレフィックスを出力するミックスインです。引数に`box-sizing`の値を指定します。引数の指定を省略した場合は、値に`border-box`が指定されたものとして処理されます。

```
Sass
.box {
  @include box-sizing;
  width:500px;
  padding: 15px;
}
```

```
CSS
.box {
  -moz-box-sizing: border-box;
  -webkit-box-sizing: border-box;
  box-sizing: border-box;
  width: 500px;
  padding: 15px;
}
```

　そのほか、インラインブロックをクロスブラウザ対応にする**inline-block**、最新のレイアウト手法として期待を集める**フレックスボックス**や**columns**（段組みの指定）のベンダープレフィックスを出力するミックスインなども用意されています。

5.3.3　背景画像のベンダープレフィックス

　続いては、背景画像の書式指定に関連するミックスインについて解説します。

■ `background-size([$size...])`

　背景画像のサイズを指定する`background-size`のベンダープレフィックスを出力するミックスインです。引数には、`cover`、`contain`、単位付きの数値などを指定します。引数の指定を省略した場合は、`100% auto`が`background-size`の値として出力されます。

```
Sass
.box {
  background: url("bg.jpg");
  @include background-size(cover);
}
```

```
CSS
.box {
  background: url("bg.jpg");
  -moz-background-size: cover;
  -o-background-size: cover;
  -webkit-background-size: cover;
  background-size: cover;
}
```

そのほか、背景画像を表示する範囲を指定する**background-clip**、背景画像の基準位置を指定する**background-origin**といったミックスインも用意されています。いずれも、プロパティの値を引数に指定して使用します。

5.3.4　背景グラデーションのベンダープレフィックス

背景にグラデーションを指定するときに、ベンダープレフィックスを自動出力する記述方法も用意されています。この場合は`linear-gradient()`や`radial-gradient()`を**background**ミックスインの引数に指定します。

■ background(linear-gradient(値))

線形グラデーションのベンダープレフィックスを出力する記述方法です。`background`の引数に`linear-gradient()`を記述します。`linear-gradient()`の指定方法はCSS3と同じです。第1引数には、グラデーションの角度（単位deg）または`top`/`bottom`/`left`/`right`などを記述して開始位置を指定します。続いて、第2引数以降に色の変化を「カンマ区切り」で列記して指定します。

以下は、角度-45度で、赤→白→緑と色が変化するグラデーションを指定した場合の例です。各ブラウザ向けのベンダープレフィックスに加えてSVG画像のData URIも出力されます。

```
Sass
.box {
  width:500px;
  height:500px;
  @include background(linear-gradient(-45deg, red, white, green));
}
```

```
CSS
.box {
  width: 500px;
  height: 500px;
  background: url('data:image/svg+xml;base64,PD94bWwgdmVyc2lvbj0iMS4wIiBlbmNvZGluZz0idXRmLTgiPz……');
  background: -moz-linear-gradient(135deg, #ff0000, #ffffff, #008000);
  background: -webkit-linear-gradient(135deg, #ff0000, #ffffff, #008000);
  background: linear-gradient(-45deg, #ff0000, #ffffff, #008000);
}
```

各色の位置を%単位の数値で指定することも可能です。以下は、左端から20%の位置を「赤色」、70%の位置を「白色」、右端を「緑色」とグラデーションを指定した場合の例です。

```scss
.box {
  width:500px;
  height:500px;
  @include background(linear-gradient(left, red 20%, white 70%, green));
}
```

```css
.box {
  width: 500px;
  height: 500px;
  background: url('data:image/svg+xml;base64,PD94bWwgdmVyc2lvbj0iMS4wIiBlbmNvZGluZz0idXRmLTgiP……');
  background: -webkit-gradient(linear, 0% 50%, 100% 50%, color-stop(20%, #ff0000), color-stop(70%, #ffffff), color-stop(100%, #008000));
  background: -moz-linear-gradient(left, #ff0000 20%, #ffffff 70%, #008000);
  background: -webkit-linear-gradient(left, #ff0000 20%, #ffffff 70%, #008000);
  background: linear-gradient(to right, #ff0000 20%, #ffffff 70%, #008000);
}
```

図5.3.4-1　-45度の線形グラデーション

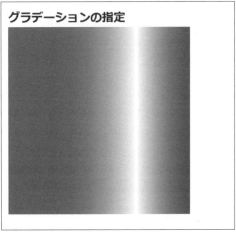

図5.3.4-2　位置を指定した線形グラデーション

■background(radial-gradient(値))

同様に、radial-gradient()を使ってベンダープレフィックスを出力することも可能です。この場合も各ブラウザ向けのベンダープレフィックスとSVG画像のData URIが出力されます。

Sass

```
.box {
  width:500px;
  height:500px;
  @include background(radial-gradient(center, white 20%, red));
}
```

CSS

```
.box {
  width: 500px;
  height: 500px;
  background: url('data:image/svg+xml;base64,PD94bWwgdmVyc2lvbj0iMS4wIiBlbmNvZGluZz0idXRmLTgiPz……');
  background: -moz-radial-gradient(center, #ffffff 20%, #ff0000);
  background: -webkit-radial-gradient(center, #ffffff 20%, #ff0000);
  background: radial-gradient(center, #ffffff 20%, #ff0000);
}
```

図5.3.4-3　円形グラデーション

5.3.5 文字のベンダープレフィックス

文字の書式指定に関連するミックスインも用意されています。ただし、その使用頻度はあまり高くありません。簡単に紹介しておきましょう。

■ `text-shadow([$shadow...])`

文字に影を付ける`text-shadow`を出力するミックスインです。ただし、この`text-shadow`にはベンダープレフィックスが存在しないため、`text-shadow`プロパティだけがそのまま出力されます。ベンダープレフィックスを追加する場合ではなく、プログラミング的な処理を行う場合に活用できるミックスインと考えられるでしょう。なお、引数の指定を省略した場合は、`0px 0px 1px #aaaaaa`が`text-shadow`の値として出力されます。

```scss
.box {
  width:500px;
  @include text-shadow(3px 3px 5px #999999);
}
```

```css
.box {
  width: 500px;
  text-shadow: 3px 3px 5px #999999;
}
```

■ `word-break([$value])`

改行方法を指定する**word-break**を出力するミックスインです。引数に`break-all`を指定すると、`word-break`プロパティが2回出力され、WebKit系のブラウザだけがサポートする`break-word`の値も自動出力されます。引数の指定を省略した場合は、値に`normal`が指定されたものとして処理されます。

```scss
.box {
  width:500px;
  @include word-break(break-all);
}
```

```css
.box {
  width: 500px;
  word-break: break-all;
  word-break: break-word;
}
```

そのほか、ハイフネーションの方法を指定する**hyphens**、Webフォント（`@font-face`）を指定する**font-face**といったミックスインも用意されています。

5.3.6 その他のミックスイン

opacityやtransform、transitionなどのプロパティをクロスブラウザ対応にするミックスインも用意されています。

■ opacity($opacity)

不透明度を指定するopacityをIE 8にも対応させるように、IE独自の仕様であるfilterの記述を出力するミックスインです。引数に不透明度を指定して使用します。

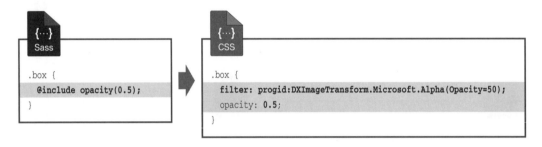

■ transform($transform, [$only3d])

要素の移動、回転、拡大縮小、傾斜を行うtransformのベンダープレフィックスを出力するミックスインです。引数にtransformの値を指定します。以下は、要素を右へ50px、下へ100px移動し、45度回転させて表示する場合の記述例となります。

```scss
.box {
  width:500px;
  @include transform(translate(50px, 100px) rotate(45deg));
}
```

```css
.box {
  width: 500px;
  -moz-transform: translate(50px, 100px) rotate(45deg);
  -ms-transform: translate(50px, 100px) rotate(45deg);
  -webkit-transform: translate(50px, 100px) rotate(45deg);
  transform: translate(50px, 100px) rotate(45deg);
}
```

■ transition($transitions...)

　プロパティの値が変化するときに、アニメーション表示を行うtransitionのベンダープレフィックスを出力するミックスインです。引数にtransitionの値（対象のプロパティ、時間など）を指定します。以下は、マウスオーバー時に背景色を「灰色」→「赤色」に3秒間かけてアニメーション表示する場合の記述例となります。

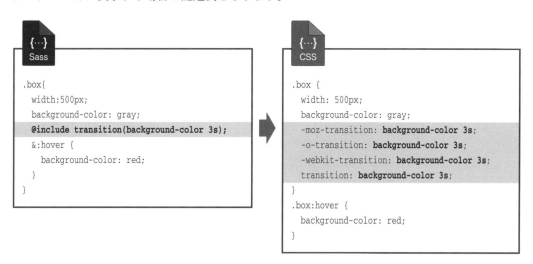

　そのほか、animationやappearance、user-selectなどのミックスインも用意されています。気になる方は公式サイトのリファレンスを参照してみてください。

5.3.7　出力するベンダープレフィックスの設定

　Compassのミックスインを使用すると、ベンダープレフィックスやクロスブラウザ用の記述を自動出力できますが、あまりニーズのない記述も出力されるため、CSSのファイル容量が無駄に大きくなり、可読性も悪くなるという欠点があります。

　たとえば、border-radiusのベンダープレフィックスを必要とするブラウザは、Firefox 3.6やChrome 4、Safari 4といった相当に古いブラウザになります。しかも、これらのブラウザは自動的にバージョンアップされるため、何世代も前の古いバージョンを使用しているユーザーは皆無に近いと考えられます。バージョンアップが進みにくいInternet Explorerは、依然としてIE8が若干のシェアを占めているようですが、ベンダープレフィックスを追加してもborder-radiusが使用可能になる訳ではないので、やはり意味がありません。

　そこで、サポートするブラウザのバージョンを細かく指定する方法を紹介しておきましょう。この場合は、次ページに示した3つの変数（Compass用の設定変数）をSassファイルに定義し

ます。この記述は、**Compassを読み込む@import**より前に記述しなければいけません。なお、コンパイラ「Scout」に含まれているCompassはバージョンが古いため、この手法は使用できません。

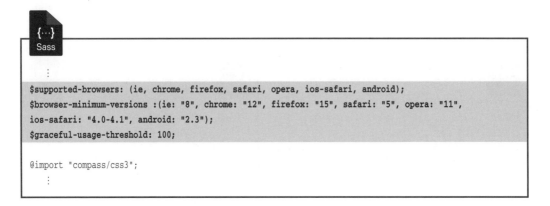

サポートするブラウザの種類は、**$supported-browsers**という変数に定義します(※1)。この定義を行わないとBlackberry Browserなどのマイナーなブラウザもサポート対象になるため、-webkit-のベンダープレフィックスが常に出力されてしまいます。

ブラウザの最低バージョンは、**$browser-minimum-versions**という変数に定義します。上記の例の場合、IE 8 / Chrome 12 / Firefox 15 / Safari 5 / Opera 11 / iOS Safari 4.0-4.1 / Android Browser 2.3以上をサポートする、という指定になります。各ブラウザの値を変更することで、サポート対象にする最低バージョンを自由に変更できます(※2)。なお、最低バージョンを指定しない場合は、そのブラウザの値にnull(引用符なし)を指定します。

ただし、これらの変数を指定しただけでは思いどおりに動作してくれません。というのも、サポート対象を決める変数として、**$graceful-usage-threshold**という変数も用意されているからです。こちらは各ブラウザのシェアを基準にサポート対象を指定する変数となります。その初期値は0.1となっているため、シェアが0.1％以上あるブラウザは全てサポート対象になります。つまり、$browser-minimum-versionsで最低バージョンを指定しても、シェアが0.1％以上あるブラウザはサポート対象になってしまうのです。この指定を無効化するには、$graceful-usage-thresholdの値に100を指定しておく必要があります。

(※1) ブラウザの種類に指定できる値は、P229のコラムを参照してください。
(※2) 各ブラウザのバージョン番号に指定できる値は、P229のコラムを参照してください。

参考として、前ページのように変数を定義した場合の出力結果を紹介しておきましょう。以下は、`border-radius`と`box-sizing`のミックスインを使用した場合の例です。

```scss
.boxA {
  @include border-radius(10px);
  @include box-sizing;
}
```

```css
.boxA {
  border-radius: 10px;
  -moz-box-sizing: border-box;
  -webkit-box-sizing: border-box;
  box-sizing: border-box;
}
```

`border-radius`は、最低バージョンでもベンダープレフィックスを必要としないため、`-moz-`と`-webkit-`のベンダープレフィックスは出力されません。一方、`box-sizing`は、最低バージョンのときにベンダープレフィックスを必要とするため、`-moz-`と`-webkit-`のベンダープレフィックスが出力されます。

続いては、`opacity`のミックスインを使用した場合の例です。

```scss
.boxB {
  @include opacity(0.5);
}
```

```css
.boxB {
  filter: progid:DXImageTransform.Microsoft.Alpha(Opacity=50);
  opacity: 0.5;
}
```

IE8が`opacity`に正式対応していないため、クロスブラウザ用の`filter`が出力されます。試しに、変数`$browser-minimum-versions`でIEの最低バージョンを"9"に変更すると、`filter`が出力されなくなるのを確認できると思います。

最後は`transform`のミックスインを使用した場合の例です。

```scss
.boxC {
  @include transform(translate(50px, 100px) rotate(45deg));
}
```

第5章　Compassの活用

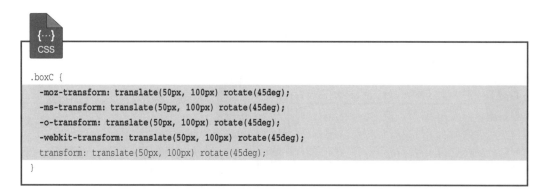

```css
.boxC {
  -moz-transform: translate(50px, 100px) rotate(45deg);
  -ms-transform: translate(50px, 100px) rotate(45deg);
  -o-transform: translate(50px, 100px) rotate(45deg);
  -webkit-transform: translate(50px, 100px) rotate(45deg);
  transform: translate(50px, 100px) rotate(45deg);
}
```

　transformは最近になって実装されたプロパティとなるため、全てのベンダープレフィックスが出力されます。試しに、変数$browser-minimum-versionsでIEの最低バージョンを"10"、Operaの最低バージョンを"15"にすると、-ms-や-o-のベンダープレフィックスが出力されなくなるのを確認できると思います。

　このように、サポートするブラウザのバージョンを細かく指定してベンダープレフィックスの出力を制御する方法も用意されています。便利に活用できるので、ぜひ使い方を覚えておいてください。

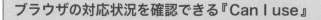

ブラウザの対応状況を確認できる『Can I use』

　対応するブラウザのバージョンやベンダープレフィックスの必要/不要といった情報は、『Can I use』というWebサイトに詳しくまとめられています。ブラウザの対応状況を確認したい場合に閲覧してみるとよいでしょう。

http://caniuse.com/

Compassがサポートするブラウザ

「ブラウザの種類」や「バージョン」に指定可能な値を調べたいときは、以下の2つの関数を使用します。

`browers()` ……………… Compassが対応する「ブラウザの種類」を返す
※引数の指定は不要

`browser-versions()` … Compassが対応するブラウザの「バージョン」を返す
※引数に「ブラウザの種類」を指定

これらの関数は、`@debug`に続けて記述するのが一般的です。コンパイル時にエラーが発生しますが、問題なくコンパイルは実行されます。

```
@debug browsers();
@debug browser-versions(opera);
```

`@debug`はデバッグを行う際に活用できる機能で、`@debug`に続けて記述した処理がログとして出力される仕組みになっています。このログを見ることで、各変数に指定可能な値を確認できます。

operaのバージョンに指定可能な値を確認した場合

参考までに、この方法で確認した「指定可能な値」を以下に掲載しておきます（執筆時）。変数を定義する際に活用してください。

■指定可能なブラウザの種類

`android, android-chrome, android-firefox, blackberry, chrome, firefox, ie, ie-mobile, ios-safari, opera, opera-mini, opera-mobile, safari`

■指定可能なバージョン番号

- `safari` ……………… `"3.1"`, `"3.2"`, `"4"`, `"5"`, `"5.1"`, `"6"`, `"6.1"`, `"7"`, `"8"`
- `opera` ……………… `"9.5-9.6"`, `"10.0-10.1"`, `"10.5"`, `"10.6"`, `"11"`, `"11.1"`, `"11.5"`, `"11.6"`, `"12"`, `"12.1"`, `"15"`, `"16"`, `"17"`, `"18"`, `"19"`, `"20"`, `"21"`, `"22"`, `"23"`, `"24"`
- `ios-safari` …… `"3.2"`, `"4.0-4.1"`, `"4.2-4.3"`, `"5.0-5.1"`, `"6.0-6.1"`, `"7.0-7.1"`, `"8"`
- `android` ………… `"2.1"`, `"2.2"`, `"2.3"`, `"3"`, `"4"`, `"4.1"`, `"4.2-4.3"`, `"4.4"`, `"4.4.3"`

5.4 Compass独自の関数

Compassが独自に用意している関数を使用することも可能です。数学的な処理を行う関数のように、Sassには用意されていない関数もあります。あまり使用頻度は高くありませんが、どんな関数があるかを把握しておくとよいでしょう。

5.4.1 Compassに用意されている関数の使用方法

Compassにも**色を操作する関数**が用意されています。また、sinやcos、平方根などの**数学的な処理を行う関数**も用意されています。これらの関数は、@importでCompassを読み込まなくても使用できます。ただし、「Prepros」の設定画面で「Compass」の項目をチェックしておく必要があることを忘れないようにしてください（P207～208参照）。

5.4.2 色を操作する関数

それでは、Compassに用意されている関数の使い方を紹介していきましょう。Compassには「色を操作する関数」として以下のような関数が用意されています。

```
adjust-lightness(色, -100%～100%) ……… 色の明度を増減する
adjust-saturation(色, -100%～100%) ……… 色の彩度を増減する
```

色の**明度**や**彩度**を増減させる関数です。第2引数には負の値も指定できるため、Sass関数の`lighten()`と`darken()`の機能を組み合わせた関数が`adjust-lightness()`になると考えられます。同様に、`adjust-saturation()`は、Sass関数の`saturate()`と`desaturate()`の機能を組み合わせた関数と考えられます。本書のP107～109も合わせて参照すると、それぞれの関数の機能を把握しやすいと思います。

関数の記述	結果
`adjust-lightness(#336699, 15%)`	`#538cc6`
`adjust-saturation(red, -20%)`	`#e61919`

```
scale-lightness(色, -100%～100%)  ……………… 色の明度を相対的に増減する
scale-saturation(色, -100%～100%) ……………… 色の彩度を相対的に増減する
```

　同じく、色の**明度**や**彩度**を増減させる関数です。こちらは「現在の値」を基準にして、相対的に明度や彩度を変化させる関数となります。

　たとえば、現在の明度が40%のときに`scale-lightness()`で明度を20%増加させると、処理後の明度は52%になります。現在の明度が40%ということは、あと60%だけ明度を増加できる余地があります。この余地の20%分、すなわち60%×20%＝12%だけ明度を増加させる、という処理が行われます。

　一方、現在の明度が40%のときに`scale-lightness()`で明度を20%減少（-20%）させると、処理後の明度は32%になります。この場合、あと40%だけ明度を減少できる余地があります。この余地の20%分、すなわち40%×20%＝8%だけ明度を減少させる、という処理が行われます。

　彩度を相対的に増減させる`scale-saturation()`も基本的な考え方は同じです。

関数の記述	結果
`scale-lightness(#336699, 15%)`	#3e7dbb
`scale-saturation(red, -20%)`	#e61919

```
shade(色, 0～100%) ……………… 色を黒くする
tint(色, 0～100%)  ……………… 色を白くする
```

　黒色または**白色**を混ぜて色の明暗を変化させる関数です。黒色を混ぜて暗くする場合は`shade()`を使用し、第2引数に「黒色を混ぜる割合」を指定します。白色を混ぜて明るくする場合は`tint()`を使用し、第2引数に「白色を混ぜる割合」を指定します。

関数の記述	結果	関数の記述	結果
`shade(#336699, 15%)`	#2b5682	`tint(#336699, 15%)`	#517ca8
`shade(red, 20%)`	#cc0000	`tint(red, 20%)`	#ff3333

5.4.3　数学的な処理を行う関数

Compassには、円周率を返したり、sin、cos、tanといった三角関数、平方根などの計算を行う関数が用意されています。

pi() ……………………………………… 円周率（3.14159）を返す

円周率の値（3.14159）を返す関数です。引数はないため、()だけを記述して使用します。

関数の記述	結果
pi()	3.14159
2 * pi() * 4	25.13274

sin(角度) ……………………………………… sinを求める
cos(角度) ……………………………………… cosを求める
tan(角度) ……………………………………… tanを求める

sin、cos、tanを求める関数です。引数に角度を指定します。角度をラジアンで指定する場合は「単位なしの数値」、角度を度数で指定する場合は「degの単位」を付けて引数を記述します。

関数の記述	結果	関数の記述	結果
sin(30deg)	0.5	sin(3.14159)	0.0
cos(30deg)	0.86603	cos(3.14159)	-1.0
tan(60deg)	1.73205	tan(3.14159)	0.0

asin(数値)	asinを求める
acos(数値)	acosを求める
atan(数値)	atanを求める

逆三角関数となる**asin**、**acos**、**atan**を求める関数です。返される値（角度）の単位はラジアンになります。

関数の記述	結果
asin(0.5)	0.5236
acos(0.5)	1.0472
atan(0.5)	0.46365

| e() | 自然対数の底（**2.71828**）を返す |

自然対数の底（2.71828）を返す関数です。引数はないため、()だけを記述して使用します。

関数の記述	結果
e()	2.71828

| logarithm(数値, 底) | 対数を求める |

対数（log）を求める関数です。第1引数に「対数を求める数値」、第2引数に「底の値」を指定します。

関数の記述	結果
logarithm(8, 2)	3
logarithm(0.1, 10)	-1.0
logarithm(10, e())	2.30259

`sqrt(数値)` 平方根を求める

引数に指定した数値の**平方根**を求める関数です。

関数の記述	結果
sqrt(256)	16
sqrt(2)	1.41421

`pow(数値, n)` n乗の値を求める

べき乗の計算を行う関数です。第1引数に指定した数値をn乗した値を返します。

関数の記述	結果
pow(2, 8)	256
pow(10, 3)	1000
pow(2, -3)	0.125

5.4.4 セレクタ関連の関数

Compassには、セレクタを記述する場合などに活用できる関数も用意されています。あまり使用頻度は高くありませんが、念のため紹介しておきましょう。

`headings(開始番号, 終了番号)` h1〜h6の要素名を出力

h1〜h6の要素名を「カンマ区切り」で出力する関数です。引数を省略した場合は、h1〜h6の要素名が全て出力されます。引数を指定して出力する要素名を限定することも可能です。

関数の記述	結果
headings(3)	h1, h2, h3
headings(2, 4)	h2, h3, h4

なお、この関数を使って書式指定のセレクタを出力するときは、関数全体を**インターポレーション**で囲んで記述する必要があります。以降に紹介する「セレクタ関連の関数」も同様です。

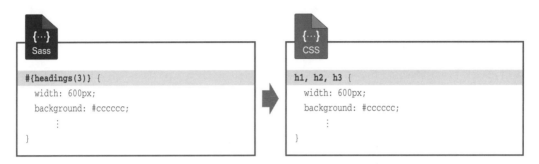

---

nest(セレクタ1, セレクタ2, ……) ……………… 指定したセレクタをネストして出力

引数に指定したセレクタを順番に**ネスト**して出力する関数です。「カンマ区切り」のリストとして、それぞれの引数に複数のセレクタを指定することも可能です。

関数の記述	結果
nest("#main", "p")	#main p
nest("#main, #nav", "a")	#main a, #nav a

---

append-selector(文字列1, 文字列2) ……………… 指定した文字列をつなげて出力

引数に指定した**2つの文字列をつなげて出力**する関数です。「カンマ区切り」のリストとして、それぞれの引数に複数の文字列を指定することも可能です。

関数の記述	結果
append-selector("div", ".box")	div.box
append-selector("a, span", ".red")	a.red, span.red
append-selector(".box", "-A, -B, -C")	.box-A, .box-B, .box-C

enumerate(文字列, 開始番号, 終了番号, 挿入文字) …………… 連番を追加して出力

　第1引数に指定した文字列に**連続する番号を追加して出力する**関数です。連番の範囲は第2引数と第3引数で指定します。さらに、「文字列」と「番号」の間に挿入する文字を第4引数で指定することも可能となっています。第4引数の指定を省略した場合は、-（ハイフン）で「文字列」と「番号」が結合されます。

関数の記述	結果
enumerate("#box", 1, 5)	#box-1, #box-2, #box-3, #box-4, #box-5
enumerate("#box", 3, 5)	#box-3, #box-4, #box-5
enumerate("#box", 1, 3, "-0")	#box-01, #box-02, #box-03
enumerate("#box", 1, 3, null)	#box1, #box2, #box3

elements-of-type(キーワード) ………………… キーワードに合致する要素名を出力

　指定した分類に属する**要素名**を「カンマ区切り」で出力する関数です。

関数の記述	結果
elements-of-type(block)	address, article, aside, blockquote, center, dir, div, dd, details, dl, dt, fieldset, figcaption, figure, form, footer, frameset, h1, h2, h3, h4, h5, h6, hr, header, hgroup, isindex, main, menu, nav, noframes, noscript, ol, p, pre, section, summary, ul
elements-of-type(inline)	a, abbr, acronym, audio, b, basefont, bdo, big, br, canvas, cite, code, command, datalist, dfn, em, embed, font, i, img, input, keygen, kbd, label, mark, meter, output, progress, q, rp, rt, ruby, s, samp, select, small, span, strike, strong, sub, sup, textarea, time, tt, u, var, video, wbr
elements-of-type(html5-block)	article, aside, details, figcaption, figure, footer, header, hgroup, main, menu, nav, section, summary
elements-of-type(html5-inline)	audio, canvas, command, datalist, embed, keygen, mark, meter, output, progress, rp, rt, ruby, time, video, wbr

引数に「分類を示すキーワード」として以下のいずれかの文字を指定します。

```
block ·················· ブロックレベル要素となる要素名を全て出力
inline ················· インライン要素となる要素名を全て出力
inline-block ··········· インラインブロック要素となる要素名(img)を出力
table ·················· tableを出力
list-item ·············· liを出力
table-row-group ········ tbodyを出力
table-header-group ····· theadを出力
table-footer-group ····· tfootを出力
table-row ·············· trを出力
table-cell ············· td, thを出力
text-input ············· input, textareaを出力
html5 ·················· HTML5から採用された要素名を出力
html5-block ············ HTML5から採用されたブロックレベル要素を出力
html5-inline ··········· HTML5から採用されたインライン要素を出力
```

5.4.5　その他の関数

　これまでに紹介した関数のほかにも、Compassには数多くの関数が用意されています。ただし、その大半がプログラミング的な処理を行うための関数であり、通常の書式指定に使用する機会はほとんどありません。参考までに、理解しやすそうな関数をいくつか紹介しておきましょう。

opposite-position(位置) ·················· 正反対の位置を示すキーワードを返す

　CSSでは、位置の指定にtop/bottom/left/right/centerなどのキーワードを使用する場合があります。この関数は、ちょうど**正反対の位置を示すキーワード**を返す関数となります。

関数の記述	結果
opposite-position(top)	bottom
opposite-position(right)	left
opposite-position(center right)	center left

| **current-date**(表示形式) | ……………… 現在の日付を返す |
| **current-time**(表示形式) | ……………… 現在の時刻を返す |

　現在の**日付**や**時刻**を返す関数です。引数の指定を省略すると、既定の表示形式で日付や時刻が返されます。表示形式を指定する場合は、Ruby's strftime functionに従って引数に表示形式を記述します。

関数の記述	結果
current-date()	2015-10-29
current-date("%y/%m/%d")	15/10/29
current-time()	13:15:35+09:00
current-time("%H:%M")	13:15

| **image-width**(画像ファイル名) | ……………… 画像ファイルの幅を取得する |
| **image-height**(画像ファイル名) | ……………… 画像ファイルの高さを取得する |

　引数に指定した画像ファイルの**幅**と**高さ**をピクセル単位で返す関数です。

関数の記述	結果
image-width("pics/photo1.jpg")	240px
image-height("pics/photo1.jpg")	160px

なお、本書では紹介していない関数について詳しく知りたい場合は、公式サイトのリファレンスを参照してみるとよいでしょう。各関数の概略が簡単に紹介されています。

図5.4.5-1　関数のリファレンス（http://compass-style.org/reference/compass/helpers/）

索引

用語

【記号】

!global	91
#{……}	85、96、106、131、188
%（プレースホルダーセレクタ）	157
…（可変長引数）	141
.sass	41、62
.scss	40、58
@charset	58、59
@content	145
@debug	229
@each	196
@else	176
@else if	180
@extend	148
@for	185、203
@function	199
@if	172、201
@import	160、208
@include	42、135、145、181
@media	127
@mixin	42、134、181
@return	199
@while	192
_（パーシャルファイル）	169

【A～G】

acos	233
and	173
asin	233
atan	233
Atom	43
Auto Compile	20
Can I use	228
clearfix	99、101、151、216
Compact	23
Compass	205
Compressed	23、61
cos	232
CSS3モジュール	217
CSSプリプロセッサ	2
CSSメタ言語	2
Expanded	23
false	173、202

【H～N】

Nested	23
null	142

【O～U】

or	173
Prepros	13、89、170、195、207
SassMeister	11、195
SASS形式	41、62
Scout	28
SCSS形式	40、58
sin	232
tan	232
true	173、202
Typographyモジュール	215
Use LibSass	20

Utilities モジュール 211

【あ】

入れ子構造 63
色の計算 102
色の比較 172
色の変数 .... 80、179
色を操作する関数 .... 107、230
インターポレーション .... 85、96、106、
　　　　　　　　131、188、195、235
インポート 160
引用符 .... 82、105、117
演算記号 92
円周率 232
大文字 119
親セレクタ 70

【か】

可変長引数 141
関数 .... 106、199、230
偽 173
疑似クラス 72
兄弟セレクタ .... 66、69
切り上げ 115
切り捨て 115
区切り文字 121
グラデーション 220
繰り返し .... 185、192、196
グリッドシステム 186
グレースケール 110
グローバル変数 88
子セレクタ .... 66、67
コメント 60
小文字 119
コンパイル .... 2、17、31

【さ】

最小値 116
最大値 116
彩度 .... 109、113、230、231
色相 113

自作関数 199
四捨五入 115
自然対数の底 233
子孫セレクタ 63
自動コンパイル .... 17、31
条件分岐 172
初期値 138
真 173
数式 92
数値型の変数 77
数値を操作する関数 114
スタイルの継承 148
絶対値 116

【た】

対数 233
単位 .... 124、201
単位付き数値 .... 77、92、94
単位を追加する処理 202
中間色 110
テーマ .... 50、52
デバッグ .... 122、229

【な】

ネスト .... 63、127、144

【は】

パーシャルファイル 169
パーセント表記 116
パッケージ .... 49、52
反転色 110
比較演算子 .... 172、192
引数 .... 107、136、182
不透明度 .... 111、112、113
プレースホルダーセレクタ ...... 157、166
平方根 234
べき乗 234
変数 .... 76、93、95、130、166
変数の型 122
変数の定義 76
ベンダープレフィックス 217

補色 110

【ま】
ミックスイン .... 134、166、181
無限ループ 195
明度 .... 107、113、230、231
メタ言語 2
メディアクエリ .... 126、146、155、190
文字コード 58
文字数 118
文字列型の変数 .... 82、105
文字列の計算 104
文字列の比較 172

文字列を操作する関数 117
戻り値 199

【や・ら・わ】
ライブプレビュー 25
乱数 117
リスト型の変数 86
リストを操作する関数 120
リセット CSS .... 59、209
隣接セレクタ .... 66、68
ローカル変数 88
ログ .... 89、229

Sass – 関数

【A～G】
abs (数値) .... 116　絶対値を返す
alpha (色) .... 113　不透明度を返す
append (リスト，値，comma/space) .... 121　リストの最後に値を追加
blue (色) .... 112　B (青) の値を返す
ceil (数値) .... 115　小数点以下を切り上げて整数にする
comparable (数値1，数値2) .... 124　計算や比較の可否を返す
complement (色) .... 110　補色に変換
darken (色，0～100%) .... 107　色を暗くする
desaturate (色，0～100%) .... 109　色の彩度を下げる
fade-in (色，0～1) .... 112　不透明度を増やす
fade-out (色，0～1) .... 112　不透明度を減らす
floor (数値) .... 115　小数点以下を切り捨てて整数にする
grayscale (色) .... 110　グレースケールに変換
green (色) .... 112　G (緑) の値を返す

【H～N】
hsl (色相，彩度，明度) .... 111　RGB の 16 進数表記に変換
hsla (色相，彩度，明度，不透明度) ... 111　rgba () 表記に変換
hue (色) .... 113　H (色相) の値を返す
index (リスト，値) .... 120　指定した値が何番目にあるか

関数	ページ	説明
invert(色)	110	反転した色に変換
join(リスト1，リスト2，comma/space)	121	2つのリストを結合
length(リスト)	120	リスト内に何個の値があるか
lighten(色，0〜100%)	107	色を明るくする
lightness(色)	113	L（明度）の値を返す
list-separator(リスト)	121	区切り文字を返す
max(数値1，数値2，数値3，……)	116	最大値を返す
min(数値1，数値2，数値3，……)	116	最小値を返す
mix(色1，色2，0〜100%)	110	中間色の生成
nth(リスト，n)	120	n番目の値を返す

【O〜U】

関数	ページ	説明
opacity(色)	113	不透明度を返す
percentage(数値)	116、131	パーセント表記に変換
quote(文字列)	117	引用符で囲む
random(最大値)	117	乱数を返す
red(色)	112	R（赤）の値を返す
rgb(赤，緑，青)	111	RGBの16進数表記に変換
rgba(色，不透明度)	111	不透明度を追加
round(数値)	115	小数点以下を四捨五入して整数にする
saturate(色，0〜100%)	109	色の彩度を上げる
saturation(色)	113	S（彩度）の値を返す
set-nth(リスト，n，値)	120	n番目の値を指定した値に変更
str-index(文字列，キーワード)	118	検索文字の位置（何文字目）
str-insert(文字列，挿入文字，n)	118	n文字目に文字を挿入
str-length(文字列)	118	文字数を返す
str-slice(文字列，n，m)	119	n〜m文字目を抜き出す
to-lower-case(文字列)	119	小文字に変換
to-upper-case(文字列)	119	大文字に変換
type-of(値)	122	型を返す
unit(数値)	124	単位の種類を返す
unitless(数値)	124	単位の有無を返す
unquote(文字列)	117	引用符を削除する

【V〜Z】

関数	ページ	説明
zip(リスト1，リスト2，リスト3，……)	122	複数のリストから多次元配列を作成

Compass - ミックスイン

【A〜G】

background	220、222	backgroundのベンダープレフィックスを出力
background-clip	220	background-clipのベンダープレフィックスを出力
background-origin	220	background-originのベンダープレフィックスを出力
background-size	219	background-sizeのベンダープレフィックスを出力
border-radius	218	border-radiusのベンダープレフィックスを出力
box-shadow	218	box-shadowのベンダープレフィックスを出力
box-sizing	219	box-sizingのベンダープレフィックスを出力
clearfix	216	clearfixの出力
contrasted	215	背景色に応じて文字色を自動変更
ellipsis	214	文字を折り返さないで表示
force-wrap	214	領域をはみ出さないように表示

【H〜N】

hide-text	215	文字を隠す
horizontal-list	213	リストの各項目を横に並べる(float)
hover-link	212	マウスオーバー時に下線を描画
inline-block	219	inline-blockのクロスブラウザ
inline-block-list	213	リストの各項目を横に並べる(inline-block)
inline-list	213	リストの各項目を横に並べる(inline)
legacy-pie-clearfix	216	clearfixの出力
link-colors	212	マウスオーバー時などの文字色を一括指定
nowrap	215	white-space: nowrapを出力

【O〜U】

opacity	224	opacityのクロスブラウザ
pie-clearfix	216	clearfixの出力
squish-text	215	文字を隠す
text-shadow	223	text-shadowのベンダープレフィックスを出力
transform	224	transformのベンダープレフィックスを出力
transition	225	transitionのベンダープレフィックスを出力
unstyled-link	212	リンク文字を通常の文字で表示

【V〜Z】

word-break	223	word-breakのクロスブラウザ

Compass - 関数

【A〜G】

関数	ページ	説明
acos(数値)	233	acosを求める
adjust-lightness(色, -100%〜100%)	230	色の明度を増減する
adjust-saturation(色, -100%〜100%)	230	色の彩度を増減する
append-selector(文字列1, 文字列2)	235	指定した文字列をつなげて出力
asin(数値)	233	asinを求める
atan(数値)	233	atanを求める
browsers()	229	対応する「ブラウザの種類」を返す
browser-versions(ブラウザの種類)	229	対応するブラウザの「バージョン」を返す
cos(角度)	232	cosを求める
current-date(表示形式)	238	現在の日付を返す
current-time(表示形式)	238	現在の時刻を返す
e()	233	自然対数の底(2.71828)を返す
elements-of-type(キーワード)	236	キーワードに合致する要素名を出力
enumerate(文字列, 開始, 終了, 挿入文字)	236	連番を追加して出力

【H〜N】

関数	ページ	説明
headings(開始番号, 終了番号)	234	h1〜h6の要素名を出力
image-height(画像ファイル名)	238	画像ファイルの高さを取得する
image-width(画像ファイル名)	238	画像ファイルの幅を取得する
logarithm(数値, 底)	233	対数を求める
nest(セレクタ1, セレクタ2, ……)	235	指定したセレクタをネストして出力

【O〜U】

関数	ページ	説明
opposite-position(位置)	237	正反対の位置を示すキーワードを返す
pi()	232	円周率(3.14159)を返す
pow(数値, n)	234	n乗の値を求める
scale-lightness(色, -100%〜100%)	231	色の明度を相対的に増減する
scale-saturation(色, -100%〜100%)	231	色の彩度を相対的に増減する
shade(色, 0〜100%)	231	色を黒くする
sin(角度)	232	sinを求める
sqrt(数値)	234	平方根を求める
tan(角度)	232	tanを求める
tint(色, 0〜100%)	231	色を白くする

Sassファーストガイド
CSSをワンランク上の記法で作成！

2015年12月10日　初版第1刷発行

著　者	相澤 裕介
発行人	石塚 勝敏
発　行	株式会社 カットシステム
	〒169-0073 東京都新宿区百人町4-9-7　新宿ユーエストビル8F
	TEL　（03）5348-3850　　FAX　（03）5348-3851
	URL　http://www.cutt.co.jp/
	振替　00130-6-17174
印　刷	シナノ書籍印刷 株式会社

本書の内容の一部あるいは全部を無断で複写複製（コピー・電子入力）することは、法律で認められた場合を除き、著作者および出版者の権利の侵害になりますので、その場合はあらかじめ小社あてに許諾をお求めください。

本書に関するご意見、ご質問は小社出版部宛まで文書か、sales@cutt.co.jp宛にe-mailでお送りください。電話によるお問い合わせはご遠慮ください。また、本書の内容を超えるご質問にはお答えできませんので、あらかじめご了承ください。

Cover design Y.Yamaguchi　　　　　　　　　Copyright©2015　相澤 裕介
Printed in Japan　ISBN 978-4-87783-386-2